21世纪高等院校师范生通识课教材

计算机网络及维护实验教程

主编：王贵才　严　莉

U0321506

华中师范大学出版社

内 容 简 介

本教材内容主要有计算机硬件系统的安装与维护、计算机软件系统的安装与维护、局域网的组建、常用局域网应用搭建、服务器的安装与维护、常用网络服务应用搭建、网络故障检测与处理。

本教材属于师范生通识课教材,根据作者四年来开展计算机网络及维护教学实践的经验和体会编写而成,其使用对象主要定位于师范专业的本科生。本教材还可作为教师继续教育与培训用书,也可作为相关工作者信息化教学环境管理与维护的参考用书。

新出图证(鄂)字 10 号

图书在版编目(CIP)数据

计算机网络及维护实验教程/王贵才,严莉主编.—武汉:华中师范大学出版社,2019.12
ISBN 978-7-5622-8949-4

Ⅰ.①计…　Ⅱ.①王…　②严…　Ⅲ.①计算机网络-实验-高等学校-教材　Ⅳ.①TP393-33

中国版本图书馆 CIP 数据核字(2020)第 011447 号

计算机网络及维护实验教程
ⓒ王贵才　严　莉　主编

责任编辑:李晓婷　袁正科		责任校对:缪　玲	封面设计:罗明波
编 辑 室:第二编辑室		电　话:027-67867362	
出版发行:华中师范大学出版社			
社　　址:湖北省武汉市珞喻路 152 号		邮　编:430079	
销售电话:027-67861549(发行部)　027-67861321(邮购)　027-67863291(传真)			
网　　址:http://press.ccnu.edu.cn		电子信箱:press@mail.ccnu.edu.cn	
印　　刷:武汉市籍缘印刷厂		督　印:王兴平	
开　　本:787 mm×1092 mm　1/16		印　张:13	字　数:300 千字
版　　次:2020 年 1 月第 1 版		印　次:2020 年 1 月第 1 次印刷	
定　　价:38.00 元			

欢迎上网查询、购书

敬告读者:欢迎举报盗版,请打举报电话 027-67867353

前　　言

随着信息技术的发展,教育信息化持续推进,师范生信息技术能力培养越来越受到重视。为了培养师范生信息技术能力,改变师范生缺乏计算机网络及维护知识与操作技能训练这一现状,我们结合中小学信息化教学的需求,面向华中师范大学所有师范专业学生开设了"计算机网络及维护"通识课。从 2014 年秋季开课至今已有四年多了,根据教学实践经验和体会,我们编写了本实验教材。

本教材注重基本概念的介绍、学生实践操作技能的培养。在教材内容组织、理论与实践的内容整合上,我们考虑到不同知识背景以及不同专业背景学生的需求,突出了"计算机网络及维护"在师范生日常学习以及职后工作的应用性。本教材既能够满足计算机知识零基础的学生通过学习培养计算机网络及维护的技能,也能够满足具有一定计算机知识基础的学生通过学习提高计算机网络及维护的能力。

本教材的整体框架有"学习导航""学习目标""实验环境""基础知识""实验操作""思考题",这样的框架设计有利于学生学习,提升学习效果。学生可以循序渐进开展学习,也可以按照自己的需求选择其中的有关内容学习;可以一边看书一边实践操作,也可以先看书然后实践操作,还可以先看书然后自拟内容进行实践操作;学完每一个章节后,可以通过思考题进行反思,然后掌握相关知识。

本教材共分 7 章:第 1 章,计算机硬件系统的安装与维护;第 2 章,计算机软件系统的安装与维护;第 3 章,局域网的组建;第 4 章,常用局域网应用搭建;第 5 章,服务器的安装与维护;第 6 章,常用网络服务应用搭建;第 7 章,网络故障检测与处理。教师可根据实际教学情况适当取舍。

本教材的计划学时为 16 学时,学时分配是第 3 章为 4 学时,其他各章均为 2 学时,教师可根据实际教学情况适当调整。

本教材的顺利完成离不开家人、朋友的理解和帮助,特别是得到了华中师范大学计算机科学与技术专业的王寿健老师的大力帮助;离不开同事们的支持,特别是杨九民教授的大力支持。在此向他们表示诚挚的谢意! 同时,还要感谢华中师范大学文科综合国家级实验教学示范中心、华中师范大学教育信息技术学院和华中师范大学出版社给了我们这次表达教学理念的机会！

　　由于计算机网络技术发展迅速，加之编者的学识有限，书中疏漏和不足之处在所难免，敬请广大读者批评指正。

编者

2019 年 9 月

目　　录

第1章　计算机硬件系统的安装与维护

【学习导航】

计算机硬件系统的安装与维护
- 基础知识
  - 计算机硬件系统
  - 计算机主机
  - 计算机主要外部设备
  - 计算机硬件系统的维护
- 实验操作
  - 计算机主机的安装
  - 计算机主要外部设备的安装
  - 计算机硬件系统故障分析与处理

【学习目标】

1. 认知目标

(1) 了解计算机的组成原理。

(2) 熟悉计算机硬件系统的主要组成部件。

2. 技能目标

(1) 学会计算机硬件系统的主要部件的拆卸、安装。

(2) 掌握计算机使用过程中常见硬件故障现象的判断及其处理方法。

【实验环境】

1. 实验工具

大、小一字磁性起子各一把,大、小十字磁性起子各一把,尖嘴钳一把,镊子一把,剪刀一把。

根据需要还可选配万用电表、电烙铁等工具。

2. 实验设备

不同品牌型号计算机主机数台(其中至少有一台可供实验拆卸),显示器一台,PS/2接口的键盘和鼠标一套,USB接口的键盘和鼠标一套,音箱一套,U盘一个,移动硬盘一个,移动光驱一个,光盘一个,打印机一台,扫描仪一台。

3. 实验材料

硅脂一支,线缆扎带若干。

1.1　基础知识

1.1.1　计算机硬件系统

1. 计算机概述

计算机(Computer)俗称电脑,是现代一种用于高速计算的电子计算机器,既可以进行数值计算,又可以进行逻辑计算,还具有存储记忆功能,是能够按照程序运行,自动、高速处理海量数据的现代化智能电子设备。一个完整的计算机系统,是由硬件系统和软件系统两部分组成。没有安装任何软件的计算机称为裸机。

计算机的种类很多,而且分类的方法也很多。按其规模可分为巨型机、大型机、中型机、小型机、微型机;按其设计的目的和用途可分为通用计算机和专用计算机,我们日常使用的计算机就是通用计算机。随着科学技术的发展,现在出现了一些新型计算机如生物计算机、光子计算机、量子计算机等。

计算机是20世纪最先进的科学技术发明之一,其发明者是约翰·冯·诺依曼(John von Neumann,1903~1957)。计算机的出现对人类的生产活动和社会活动产生了极其重要的影响,并以强大的生命力飞速发展。

2. 计算机硬件系统的组成

计算机硬件系统(Computer Hardware Systems)是物理上存在的实体,是构成计算机的各种物质实体的总和,也就是我们所看得见、摸得着的实际物理设备。依据约翰·冯·诺依曼计算机结构,计算机硬件系统由输入设备、输出设备、存储器、运算器和控制器五个部分组成,计算机基本结构框图如图1-1所示。

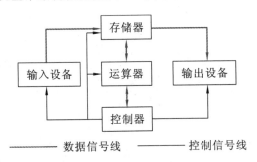

图 1-1　计算机基本结构框图

输入设备将数据、程序、文字符号、图像、声音等信息输送到计算机中。常用的输入设备有键盘、鼠标、触摸屏、数字转换器等。

输出设备将计算机的运算结果或者中间结果打印或显示出来。常用的输出设备有显示器、打印机、绘图仪和传真机等。

存储器将输入设备接收到的信息以二进制的数据形式存到存储器中。存储器有两种,即内存储器和外存储器。微型计算机的内存储器是由半导体器件构成的,从使用功能上分,有随机存储器(RAM,Random Access Memory)又称读写存储器;只读存储器(ROM,Read Only Memory)。外存储器的种类很多,又称辅助存储器。外存储器通常是磁性介质或光盘,如硬盘、移动硬盘、数字视频光盘(DVD,Digital Video Disc)等,能长期保存信息,并且不依赖于电来保存信息,但是由机械部件带动,速度与中央处理器(CPU,Central Processing Unit)相比就显得很慢。

运算器又称算术逻辑单元,是计算机进行各种算术运算和逻辑运算的装置,能进行加、减、乘、除等算术运算,也能作比较、判断等逻辑运算。

控制器是计算机的指挥中心,负责决定执行程序的顺序,给出执行指令时机器各部件需要的操作控制命令。控制器由程序计数器、指令寄存器、指令译码器、时序产生器和操作控制器组成,它是发布命令的决策机构,完成协调和指挥整个计算机系统的操作。控制器的主要功能是从内存中取出一条指令,并指出下一条指令在内存中位置;对指令进行译码或测试,并产生相应的操作控制信号,以便启动规定的动作;指挥并控制 CPU、内存和输入/输出(I/O,Input/Output)设备之间数据流动的方向。

根据计算机硬件每一部分的功能进行划分,计算机硬件系统组成如图 1-2 所示。

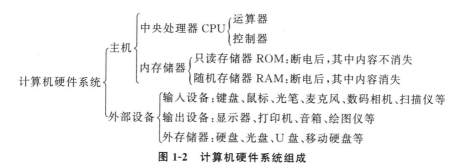

图 1-2　计算机硬件系统组成

1.1.2　计算机主机

计算机主机是指计算机除去输入、输出设备以外的主要机体部分,通常包括 CPU、内存、电源以及其他输入输出控制器和接口,如通用串行总线(USB,Universal Serial Bus)控制器、显卡、网卡、声卡等等,图 1-3 是计算机主机机箱内部构成实例图。位于主机箱内的通常称为内设,而位于主机箱之外的通常称为外设(如显示器、键盘、鼠标、外接硬盘、外接光驱等)。通常主机(装上软件后)是一台能够独立运行的计算机系统,服务器等专门用途的计算机通常只有主机,没有其他外部设备。

1. 机箱和电源

计算机机箱一般包括外壳、支架、控制面板等。外壳用钢板和塑料结合制成,硬度高,主要起到保护机箱内部元件的作用;支架主要用于固定主板、各种 I/O 卡、硬盘、电源和光驱等部件;控制面板上有电源开关、电源指示灯、复位按钮和硬盘工作状态指示灯等。此外,机箱还保护和屏蔽机箱内的主板和各种 I/O 卡电路,以免受到外界电磁波的

电源 ———— 光盘驱动器

CPU和风扇 ———— 内存条

独立显卡 ————

PCI插槽 ———— 硬盘

图 1-3　计算机主机机箱内部构成实例

干扰,同时可防止机箱内部电磁波的辐射影响使用者的健康。

计算机属于弱电产品,部件的工作电压比较低,一般在 ±12 V 以内,并且是直流电。而普通的市电为 220 V(有些国家为 110 V)交流电,不能直接在计算机部件上使用。因此计算机和很多电器一样有一个电源部分,负责将普通市电转换为计算机可以使用的直流电,电源一般安装在计算机机箱内部。计算机的核心部件工作电压非常低,并且由于计算机工作频率非常高,因此对电源的要求比较高。目前计算机的电源为开关电路,将普通交流电转换为 +5 V、-5 V、+12 V、-12 V、+3.3 V、-3.3 V 等不同电压且稳定可靠的直流电,这些不同的电压分别输出给主板、硬盘、光驱等计算机部件。

2. 主板

主板是计算机硬件系统中最大的一块电路板,又叫主机板(Mainboard)、系统板(Systemboard)或母板(Motherboard),它安装在机箱内,是计算机最基本的也是最重要的部件之一。几乎所有的部件都会被安装或连接到主板上,通过主板把 CPU 等各种器件和外部设备有机地结合起来形成一个完整的硬件系统,图 1-4 是计算机主板构成实例图。

主板是一块印刷电路板(PCB,Printed Circuit Board),一般采用四层板或六层板。主板一般为矩形电路板。上面有分工明确的部件,包括插槽、芯片、电阻、电容、电源接口、键盘和控制面板接口、指示灯接插件等器件。当主机加电时,电流会在瞬间通过 CPU、南北桥芯片、内存插槽、加速图形接口(AGP,Accelerate Graphical Port)插槽、周边元件扩展接口(PCI,Peripheral Component Interconnect)插槽、电子集成驱动器(IDE,Integrated Drive Electronics)接口、串行高级技术附件(SATA,Serial Advanced Technology Attachment)接口以及主板边缘的串行口、并行口、PS/2(Personal System 2)鼠标键盘接口等。随后,主板会根据基本输入输出系统(BIOS,Basic Input Output System)来识别硬件,并进入操作系统发挥出支撑系统平台工作的功能。

图 1-4　计算机主板构成实例

芯片组(Chipset)是主板的核心组成部分,几乎决定了主板的功能,进而影响到整个计算机系统性能的发挥。按照在主板上的排列位置的不同,通常分为北桥芯片和南桥芯片。北桥芯片提供对 CPU 的类型和主频、内存的类型和最大容量、ISA(Industry Standard Architecture)/PCI/AGP 插槽、错误检查和纠正(ECC,Error Correcting Code)纠错等支持。南桥芯片则提供对键盘控制器(KBC,Keyboard Controller)、实时时钟控制器(RTC,Real-Time Clock)、USB、直接内存访问(DMA,Direct Memory Access)、增强型IDE(EIDE,Enhanced IDE)数据传输方式和高级配置与电源的接口(ACPI,Advanced Configuration and Power Interface)等的支持。其中北桥芯片起着主导性的作用,也称为主桥(Host Bridge)。

PCI 插槽是基于 PCI 局部总线的扩展插槽,其颜色一般为乳白色。可插接声卡、网卡、IEEE 1394 卡、IDE 接口卡、磁盘阵列(RAID,Redundant Arrays of Independent Drives)卡、电视卡、视频采集卡以及其他种类繁多的扩展卡。PCI 插槽是主板的主要扩展插槽,通过插接不同的扩展卡可以获得用户所需要的功能。例如,不满意主板整合显卡的性能,可以添加独立显卡以增强显示性能;不满意板载声卡的音质,可以添加独立声卡以增强音效;不支持 USB 2.0 或 IEEE 1394 的主板可以通过添加相应的 USB 2.0 扩展卡或 IEEE 1394 扩展卡以获得该功能等等。扩展插槽的种类和数量的多少是决定一块主板好坏的重要指标。有多种类型和足够数量的扩展插槽就意味着今后有足够的可升级性和设备扩展性,反之则会在今后的升级和设备扩展方面碰到较大的障碍。

AGP 插槽通常都是棕色,是在 PCI 总线基础上发展起来的,主要针对图形显示方面进行优化,专门用于图形显示卡。

硬盘接口可分为 IDE 接口和 SATA 接口。新型主板上,IDE 接口大多缩减,甚至没有,代之以 SATA 接口。SATA 规范将硬盘的外部传输速率理论值提高到了 150 MB/s,比 PATA (Parallel Advanced Technology Attachment)标准 ATA /100 高出 50%,比 ATA /133 也要高出约 13%,SATA 接口的速率可扩展到 2X 和 4X(300 MB/s 和 600 MB/s)。

键盘和鼠标 PS/2 接口的功能比较单一,仅能用于连接键盘和鼠标。一般情况下,鼠标的接口为绿色、键盘的接口为紫色。有些机型键盘和鼠标 PS/2 接口被 USB 接口所取代。

USB 接口是如今最为流行的接口,最大可以支持 127 个外设,且可独立供电,其应用非常广泛。USB 接口可以从主板上获得 500 mA 的电流,支持热拔插,真正做到了即插即用。

串行接口(COM,Cluster Communication Port),它是采用串行通信协议的扩展接口,常用于连接外置调制解调器 Modem、写字板等低速设备。有的主板取消了串口。

并行接口(LPT,Line Print Terminal),一般用来连接打印机或扫描仪。现在打印机与扫描仪多为使用 USB 接口。

3. CPU 中央处理器

中央处理器 CPU 是一块超大规模的集成电路,是计算机的运算核心(Core)和控制核心(Control Unit),图 1-5 是 CPU 实例图。

图 1-5　CPU 实例

中央处理器主要包括运算逻辑部件、寄存器部件和控制部件等。它与内部存储器(Memory)和 I/O 设备合称为电子计算机三大核心部件。

运算逻辑部件,可以执行定点或浮点算术运算操作、移位操作以及逻辑运算操作,也可执行地址运算和转换。

寄存器部件,包括通用寄存器、专用寄存器和控制寄存器。通用寄存器又可分定点数和浮点数两类,它们用来保存指令执行过程中临时存放的寄存器操作数和中间(或最终)的操作结果。通用寄存器是中央处理器的重要部件之一。

控制部件,主要是负责对指令译码,并且发出为完成每条指令所要执行的各个操作的控制信号。其结构有两种:一种是以微存储为核心的微程序控制方式,另一种是以逻辑硬布线结构为主的控制方式。微存储中保持微码,每一个微码对应于一个最基本的微操作,又称微指令;各条指令是由不同序列的微码组成,这种微码序列构成微程序。中央处理器在对指令译码以后,即发出一定时序的控制信号,按给定序列的顺序以微周期为节拍执行由这些微码确定的若干个微操作,即可完成某条指令的执行。简单指令是由3～5个微操作组成,复杂指令则要由几十个微操作甚至几百个微操作组成。

4. 内存

存储器是用来存储程序和数据的部件,按用途存储器可分为主存储器(内存)和辅助存储器(外存),或分为外部存储器和内部存储器。内存是 CPU 能直接寻址的存储空间,是计算机中的主要部件。内存的特点是存取速率快。我们平常使用的程序,如 Windows 操作系统、打字软件、游戏软件等,一般都是安装在硬盘等外存上,必须把它们调入内存中运行才能真正使用其功能。如我们在使用 WPS 处理文稿时,在键盘上敲入字符它就被存入内存中,当选择存盘时,内存中的数据才会被存入硬盘。通常我们把要永久保存的、大量的数据存储在外存上,而把一些临时的或少量的数据和程序放在内存上。

内存一般采用半导体存储单元,包括随机存储器 RAM 和只读存储器 ROM。在制造 ROM 的时候,信息(数据或程序)就被存入并永久保存,这些信息只能读出,一般不能写入,即使机器断电,这些数据也不会丢失。ROM 一般用于存放计算机的基本程序和数据,如 BIOS ROM。随机存储器 RAM,表示既可以从中读取数据,也可以写入数据,当机器电源关闭时,存于其中的数据就会丢失。当然内存的好坏会直接影响计算机的运行速度。

内存条就是用作计算机的内存,是将 RAM 集成块集中在一起的一小块电路板,它插在计算机中的内存插槽上,以减少 RAM 集成块占用的空间。常见的内存条有 1G/条、2G/条、4G/条等,图 1-6 为内存条实例图。

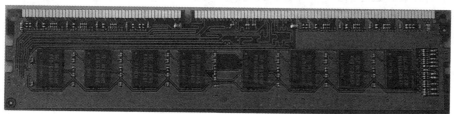

图 1-6　内存条实例

5. 硬盘

硬盘驱动器简称硬盘,也称为磁盘,是计算机中最常使用的外部存储设备,它具有比其他外部存储器的存储容量大很多和存储速度快很多等优点。硬盘中可能存储着用户独一无二的数据，这些数据一旦丢失将无法弥补。

硬盘分为固态硬盘（SSD，Solid State Drive）、机械硬盘（HDD，Hard Disk Drive）、混合硬盘（HHD，Hybrid Hard Disk）。SSD采用闪存颗粒来存储，HDD采用磁性碟片来存储，HHD是基于传统机械硬盘诞生出来的硬盘，是把磁性硬盘和闪存集成到一起的一种硬盘。绝大多数硬盘都是被永久性地密封固定在硬盘驱动器中。下面主要介绍机械硬盘。

（1）硬盘的物理结构

硬盘在物理结构上由头盘组件和控制电路板两大部分组成，如图1-7所示。

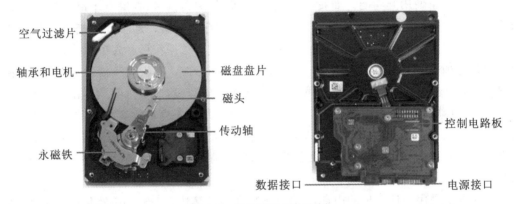

图 1-7　硬盘物理结构实例

头盘组件包括盘体、电机、磁头等部件，这些部件由外壳密封、防尘。其中盘体由单个或多个盘片组成，各个盘片之间由垫圈隔开，盘片表面极为平整光滑，并涂有磁性介质，是记录数据的载体。盘片多为铝制品，一个盘片对应上、下两个盘面，分别对应两个磁头。主轴电机带动盘片高速转动，盘片在高速转动时并不与读写数据的磁头接触，只是磁头与盘片距离非常近，所以磁盘工作时最忌震动。

控制电路板焊接了许多芯片，包括主控制芯片、数据传输芯片、高速数据缓存芯片等。盘片上的数据通过前置读写控制电路与控制电路板连通完成对数据的控制。

（2）硬盘的数据存储原理

文件的读取，操作系统从目录区中读取文件信息（包括文件名、后缀名、文件大小、修改日期和文件在数据区保存的第一个簇的簇号）。假设第一个簇号是0023，则操作系统从0023簇读取相应的数据，然后再找到文件分配表（FAT，File Assign Table）的0023单元，如果内容是文件结束标志（FF），则表示文件结束，否则保存数据为下一个簇的簇号，这样重复下去直到遇到文件结束标志。

文件的写入，当我们要保存文件时，操作系统首先在目录区（DIR，Directory）中找到空区写入文件名、大小和创建时间等相应信息，然后在Data区找到闲置空间将文件保存，并将Data区的第一个簇写入DIR区，其余的动作和上边的读取动作差不多。

文件的删除，Windows的文件删除只在目录区做了一点小改动，即将目录区的文件的第一个字符改成了 E5 就表示将改文件删除了。可见,在 Windows 中,我们可以轻而易举地删除一个文件,然后再把它从回收站中清除,事实上这只是对这个文件定位信息的清除,它仍然存在于数据区中,这也是还原精灵、恢复精灵可以还原数据的依据。

6. 声卡

声卡也叫音频卡,是多媒体技术中最基本的组成部分,是实现声波—数字信号相互转换的一种器件。声卡从话筒中获取声音模拟信号,通过模数转换器(ADC,Analog to Digital Converter),将声波振幅信号采样转换成数字信号存储到计算机中。重放时,这些数字信号被送到数模转换器(DAC,Digital to Analog Converter),以同样的采样速度还原为模拟波形,放大后送到扬声器发声。这一技术称为脉冲编码调制(PCM,Pulse Code Modulation)技术。

声卡发展至今,主要分为板卡式、集成式和外置式三种接口类型,以适用不同用户的需求,三种类型的产品各有优缺点。

板卡式声卡,是现今市场上的中坚力量,产品涵盖低、中、高各档次,售价从几十元至上千元不等,如图 1-8(a)所示。声卡只会影响到计算机的音质,对 PC(Personal Computer)用户较敏感的系统性能并没有什么关系。因此,大多用户对声卡的要求是满足于能用就行,更愿将资金投入到能增强系统性能的部分。虽然板卡式产品的兼容性、易用性及性能都能满足市场需求,但为了追求更为廉价与简便,集成式声卡便应运而生了。

(a) 板卡式声卡　　　　　　　　　　　(b) 外置式声卡

图 1-8　声卡实例

集成式声卡是将此类产品集成在主板上,具有不占用 PCI 接口、成本更为低廉、兼容性更好等优势,能够满足普通用户的绝大多数音频需求,自然就受到市场青睐。而且集成声卡的技术也在不断进步,PCI 声卡具有的多声道、低 CPU 占有率等优势也相继出现在集成声卡上,它也由此占据了主导地位,占据了声卡市场的大半壁江山。集成声卡大致可分为软声卡和硬声卡,软声卡仅集成了一块信号采集编码的音频编解码器(Audio Codec)芯片,声音部分的数据处理运算由 CPU 来完成,因此对 CPU 的占有率相对较高。硬声卡的设计与 PCI 式声卡相同,只是将两块芯片集成在主板上。

外置式声卡,它通过 USB 接口与 PC 连接,具有使用方便、便于移动等优势。但这类产品主要应用于特殊环境,如连接笔记本实现更好的音质等。如图 1-8(b)所示。

7. 显卡

显卡，全称显示接口卡，又称显示适配器，是计算机进行数模信号转换的设备，承担输出显示图形的任务。显卡接在计算机主板上，它将计算机的数字信号转换成模拟信号让显示器显示出来，同时显卡还具有图像处理能力，可协助 CPU 工作，提高整体的运行速度。对于从事专业图形设计的人来说显卡非常重要。在科学计算中，显卡被称为显示加速卡。显卡有独立显卡、集成显卡、核芯显卡等类型。

独立显卡是指将显示芯片、显存及其相关电路单独做在一块电路板上，自成一体而作为一块独立的板卡存在，它需占用主板的扩展插槽（ISA、PCI、AGP 或 PCI-E）。独立显卡的优点是单独安装有显存，一般不占用系统内存，在技术上也较集成显卡先进得多，性能优于集成显卡，容易进行显卡的硬件升级。独立显卡的缺点是系统功耗有所加大，发热量也较大，需额外花费购买显卡的资金，同时（特别是对笔记本计算机）占用更多空间。由于显卡性能的不同，对于显卡的要求也不一样。独立显卡实际分为两类，一类专门为游戏设计的娱乐显卡，一类则是用于绘图和 3D 渲染的专业显卡，图 1-9 所示为一独立显卡实例。

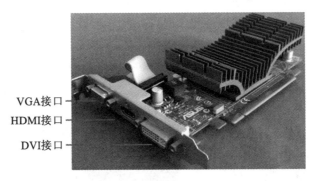

VGA接口
HDMI接口
DVI接口

图 1-9　独立显卡实例

集成显卡是将显示芯片、显存及其相关电路都集成在主板上的一种显卡。集成显卡的显示芯片有单独的，但大部分都集成在主板的北桥芯片中。一些主板集成的显卡也在主板上单独安装了显存，但其容量较小。集成显卡的显示效果与处理性能相对较弱，不能对显卡进行硬件升级，但可以通过 CMOS 调节频率或刷新 BIOS 文件实现软件升级来挖掘显示芯片的潜能。集成显卡的优点是功耗低、发热量小且部分集成显卡的性能已经可以媲美入门级的独立显卡，所以不用花费额外的资金购买独立显卡。集成显卡的缺点是性能相对略低，且固化在主板或 CPU 上，本身无法更换，如果必须换，就只能换主板。

核芯显卡是 Intel 产品新一代图形处理核心，和以往的显卡设计不同，Intel 凭借其在处理器制程上的先进工艺以及新的架构设计，将图形核心与处理核心整合在同一块基板上，构成一个完整的处理器。智能处理器架构这种设计上的整合大大缩减了处理核心、图形核心、内存及内存控制器间的数据周转时间，有效提升了处理效能并大幅降低了芯片组整体功耗，有助于缩小核心组件的尺寸，为笔记本、一体机等产品的设计提供了更大选择空间。

需要注意的是,核芯显卡和传统意义上的集成显卡并不相同。便携式笔记本计算机采用的图形解决方案主要有独立和集成两种,独立拥有单独的图形核心和独立的显存,能够满足复杂庞大的图形处理需求,并提供高效的视频编码应用;集成则将图形核心以单独芯片的方式集成在主板上,并且动态共享部分系统内存作为显存使用,因此能够提供简单的图形处理能力,以及较为流畅的编码应用。相对于前两者,核芯显卡则将图形核心整合在处理器当中,进一步加强了图形处理的效率,并把集成显卡中的"处理器+南桥+北桥(图形核心+内存控制+显示输出)"三芯片解决方案精简为"处理器(处理核心+图形核心+内存控制)+主板芯片(显示输出)"的双芯片模式,有效降低了核心组件的整体功耗,更利于延长笔记本的续航时间。

低功耗是核芯显卡的最主要优势,由于新的精简架构及整合设计,核芯显卡对整体能耗的控制更加优异,高效的处理性能大幅缩短了运算时间,进一步缩减了系统平台的能耗。核芯显卡拥有诸多优势技术,可以带来充足的图形处理能力,相比前一代产品其性能的优化十分明显。核芯显卡可支持 DX10/DX11、SM 4.0、OpenGL 2.0 以及全高清 Full HD MPEG2/H.264/VC-1 格式解码等技术,即将加入的性能动态调节更可大幅提升核芯显卡的处理能力,令其完全满足于普通用户的需求。核芯显卡的缺点是配置核芯显卡的 CPU 通常价格较高,同时低端核芯显卡难以胜任大型游戏。

8. 网卡

网卡又称为通信适配器或网络适配器(Network Adapter)或网络接口卡(NIC,Network Interface Card),是工作在链路层的网络组件,是局域网中连接计算机和传输介质的接口,不仅能实现与局域网传输介质之间的物理连接和电信号匹配,还涉及帧的发送与接收、帧的封装与拆封、介质访问控制、数据的编码与解码以及数据缓存的功能等。

根据性能、需求的不同,网卡的种类较多,主要有以下分类方法:

按网卡的总线接口可分为 ISA、PCI 和 USB 三种网卡。ISA 网卡的带宽一般为 10 Mbit/s,PCI 总线网卡带宽范围从 10 Mbit/s 到 1 000 Mbit/s,常见的 10/100 Mbit/s 自适应网卡是主流产品。

按网卡的速度不同,可分为 10 Mbit/s、100 Mbit/s 和 1 000 Mbit/s 三种网卡。常见的网卡有 10 Mbit/s ISA 网卡、10 Mbit/s PCI 网卡、10/100 Mbit/s PCI 自适应网卡。

按网络结构可分为异步传输模式网卡(ATM,Asynchronous Transfer Mode)、令牌环网卡(Token Ring)、以太网卡(Ethernet)。以太网卡就是常见的局域网卡,适用于 Windows 9x/NT/2000、Netwar、SCO Unix、Linux 等多种操作系统。

按网卡的安装位置可分为内置网卡、外置网卡。ISA 总线网卡和 PCI 总线网卡都是内置式的,USB 接口的网卡是外置式的。

按主板是否集成网卡芯片可分为集成网卡和独立网卡。板卡式的独立网卡一般插 PCI 插槽,网卡上有 RJ-45 接口(RJ,Registered Jack),可提供带宽为 10/100 Mbit/s。集成网卡是把网卡的芯片整合到主板上,而芯片的运算部分交给 CPU 或者主板的南桥芯片处理,网卡接口也放置在主板接口中。集成网卡的优点是降低成本,避免了外置网卡与其他设备的冲突,从而提高稳定性和兼容性。

　　根据网卡之间的连接是否有线,分为有线网卡、无线网卡。无线网卡利用无线电波作为信息传输的媒介构成的无线局域网,与有线网络的用途十分类似,最大的不同在于传输媒介的不同,利用无线电技术取代网线,可以和有线网络互为备份。无线网卡是通过无线连接网络进行上网的无线终端设备,也就是说无线网卡就是让计算机用户利用无线来上网的一个装置。但是有了无线网卡后还需要　个可以连接的无线网络,如果计算机用户所在地有无线路由器或者无线接入点 AP(Access Point)的无线局域网的覆盖,就可以通过无线网卡以无线的方式连接无线网络上网。

9. 光驱

　　光盘驱动器简称光驱,是计算机用来读写光盘内容的机器,光驱可分为 CD-ROM 驱动器、DVD 光驱(DVD-ROM)、康宝(COMBO)、蓝光光驱(BD-ROM)和刻录机等。光盘为外部存储设备。光盘的特点有:容量大、成本低廉、稳定性好、使用寿命长、便于携带。

　　光驱是一个结合光学、机械及电子技术的产品,主要组成部分:一、激光头组件,包括光电管、聚焦透镜等组成部分,配合运行齿轮机构和导轨等机械组成部分,在通电状态下根据系统信号确定、读取光盘数据并通过数据带将数据传输到系统;二、主轴电机,光盘运行的驱动力,在激光头读取光盘数据的过程中提供快速的数据定位;三、光盘托架,在开启和关闭状态下的光盘承载体;四、启动机构,控制光盘托架的进出和主轴马达的启动,通电运行时启动机构将使包括主轴马达和激光头组件的伺服机构都处于半加载状态中。

1.1.3　计算机主要外部设备

　　计算机外部设备很多,主要外部设备有显示器、鼠标和键盘,一般计算机都配备(服务器除外)。计算机还有很多可选配的外部设备,如音箱、移动存储器、打印机、扫描仪、手写板、摄像头、数码相机等设备,一般根据需要选取配置。

1. 显示器

　　显示器通常也被称为监视器。显示器是属于计算机的输出设备,将计算机信息通过显卡等传输设备输送到屏幕上,提供用户与计算机交互的界面。

　　显示器类型有 CRT(Cathode Ray Tube)显示器、LCD(Liquid Crystal Display)显示器、LED(Light Emitting Diode)显示器、3D(3 Dimensions)显示器、PDP(Plasma Display Panel)等离子显示器等。

　　CRT 显示器是一种使用阴极射线管的显示器,阴极射线管主要由五部分组成:电子枪、偏转线圈、荫罩、荧光粉层及玻璃外壳。它是应用最广泛的显示器之一,CRT 纯平显示器具有可视角度大、无坏点、色彩还原度高、色度均匀、可调节的多分辨率模式、响应时间极短等 LCD 显示器难以超过的优点。

　　LCD 显示器即液晶显示器,优点是机身薄、体积小、辐射小,给人以一种健康产品的形象。但液晶显示屏不一定可以保护到眼睛,这需要看各人使用计算机的习惯。LCD 液晶显示器的工作原理是在显示器内部有很多液晶粒子,它们有规律地排列成一定的形状,并且它们的每一面的颜色都不同分为红色、绿色、蓝色,这三原色能还原成任意的其他颜色,当显示器收到计算机的显示数据的时候会控制每个液晶粒子转动到不同颜色的面,来组合成不同的颜色和图像。也因为这样液晶显示屏的缺点是色彩不够艳,可视角度不高等。

LED 显示器是一种通过控制半导体发光二极管的显示方式,用来显示文字、图形、图像、动画、行情、视频、录像信号等各种信息的显示屏幕。LED 显示器集微电子技术、计算机技术、信息处理于一体,以其色彩鲜艳、动态范围广、亮度高、寿命长、工作稳定可靠等优点,成为最具优势的新一代显示媒体。LED 显示器已广泛应用于大型广场、商业广告、体育场馆、信息传播、新闻发布、证券交易等,可以满足不同环境的需要。

3D 显示器,一直被公认为是显示技术发展的终极梦想,多年来有许多企业和研究机构从事这方面的研究。日本、欧美、韩国等发达国家和地区早于 20 世纪 80 年代就纷纷涉足立体显示技术的研发,于 90 年代开始陆续获得不同程度的研究成果,现已开发出需佩戴立体眼镜和不需佩戴立体眼镜的两大立体显示技术体系。传统的 3D 电影在屏幕上有两组图像(来源于在拍摄时的互成角度的两台摄影机),观众必须戴上偏光镜才能消除重影(让一只眼只看到一组图像),形成视差,产生立体感。

PDP 等离子显示器是采用了近几年来高速发展的等离子平面屏幕技术的新一代显示设备。等离子显示技术的成像原理是在显示屏上排列上千个密封的小低压气体室,通过电流激发使其发出肉眼看不见的紫外光,然后紫外光碰击后面玻璃上的红、绿、蓝 3 色荧光体发出肉眼能看到的可见光,以此成像。等离子显示器的优越性有厚度薄、分辨率高、占用空间少且可作为家中的壁挂电视使用,代表了未来计算机显示器的发展趋势。

2. 键盘和鼠标

（1）键盘

键盘是计算机最常用也是最主要的输入设备,通过键盘可以将英文字母、数字、标点符号等输入到计算机中,从而向计算机发出命令、输入数据等。键盘结构分为外壳、按键和电路板三个部分,图 1-10 所示为键盘实例。

图 1-10　键盘实例

键盘外壳,一般键盘采用塑料暗钩的技术固定键盘面板和底座两部分,实现无金属螺丝化的设计。常规键盘具有 NumLock(数字小键盘锁定)、CapsLock(字母大小写锁定)、ScrollLock(滚动锁定)三个状态指示灯(部分无线键盘已经省略这三个指示灯),标志键盘的当前状态。这些指示灯一般位于键盘的右上角,不过一些键盘如 ACER 的 Ergonomic KB 和 HP 原装键盘采用键帽内置指示灯,这种设计可以更容易地判断键盘当前状态,但工艺相对复杂,所以大部分普通键盘均未采用此项设计。

印有符号的按键安装在电路板上,有的直接焊接在电路板上,有的用特制的装置固定在电路板上,有的则用螺钉固定在电路板上。不管键盘形式如何变化按键排列还是保持基本不变,可以分为主键盘区、控制键区、功能键区、数字键盘(小键盘)区等区域,对于多功能键盘还增添了快捷键区。

键盘电路板是整个键盘的控制核心,它位于键盘的内部,主要担任按键扫描识别,编码和传输接口的工作。

键帽反面是键柱塞,直接关系到键盘的寿命,其摩擦系数直接关系到按键的手感。一般键帽的印刷有四种技术,即油墨印刷技术、激光蚀刻技术、二次成型技术、热升华印刷技术。

键盘接口有 PS/2 接口和 USB 接口,台式机多采用 PS/2 接口,大多数主板都提供 PS/2 键盘接口。USB 接口的键盘,直接插在计算机的 USB 口上,USB 接口的键盘对性能的提高收效甚微,只是即插即用。

(2) 鼠标

鼠标是计算机的一种输入设备,也是计算机显示系统纵横坐标定位的指示器,因形似老鼠而得名鼠标。鼠标的使用是为了使计算机的操作更加简便快捷,来代替键盘繁琐的指令。鼠标按其工作原理及其内部结构的不同可以分为机械式、光机式和光学式。

机械鼠标是装在辊柱端部的光栅信号传感器产生的光电脉冲信号反映出鼠标器在垂直和水平方向的位移变化,再通过计算机程序的处理和转换来控制屏幕上光标箭头的移动。

光机鼠标是在纯机械式鼠标基础上进行改良,通过引入光学技术来提高鼠标的定位精度。与纯机械式鼠标一样,光机鼠标同样拥有一个胶质的小滚球,并连接着 X、Y 转轴,所不同的是光机鼠标不再有圆形的译码轮,代之的是两个带有栅缝的光栅码盘,并且增加了发光二极管和感光芯片。当鼠标在桌面上移动时,滚球会带动 X、Y 转轴的两只光栅码盘转动,而 X、Y 发光二极管发出的光便会照射在光栅码盘上,由于光栅码盘存在栅缝,在恰当时机二极管发射出的光便可透过栅缝直接照射在由两颗感光芯片组成的检测头上。如果接收到光信号,感光芯片便会产生"1"信号;若无接收到光信号,则将之定为信号"0"。接下来,这些信号被送入专门的控制芯片内运算生成对应的坐标偏移量,确定光标在屏幕上的位置。

光学鼠标是微软公司设计的一款高级鼠标,它采用 Ntellieye 技术,在鼠标底部的小洞里有一个小型感光头,面对感光头的是一个发射红外线的发光管,这个发光管每秒钟向外发射 1 500 次,然后感光头就将这 1 500 次的反射回馈给鼠标的定位系统,以此来实现准确的定位。所以,这种鼠标可在任何地方无限制地移动。

鼠标的接口分 PS/2、USB。PS/2 鼠标通过一个六针微型 DIN 接口与计算机相连,它与键盘的接口非常相似,使用时注意区分。USB 鼠标通过一个 USB 接口,直接插在计算机的 USB 口上即插即用。

3. 音箱

音箱是将音频信号转换为声音的一种设备。音箱由箱体、扬声器单元、电源部分和信号放大器等主要部分组成。

箱体。目前,比较流行的箱体设计形式有密闭式和倒相式两种。密闭式音箱就是在封闭的箱体上装上扬声器。倒相式音箱是在前面板或后面板上装有圆形的倒相孔,它是按照赫姆霍兹共振器原理工作的,其优点是灵敏度高、能承受的功率较大、动态范围广。

扬声器单元。一般木制音箱和较好的塑料音箱都采用二分频的技术,就是由高、中音两个扬声器来实现整个频率范围内的声音回放。而一些在 X.1(多声道系统)上被用作环绕音箱的塑料音箱用的是全频带扬声器,即用一个喇叭来实现整个音域内的声音回放。由于音箱必须具有防磁性,所以在扬声器的设计上通常采用双磁路和加放磁罩的方法来避免磁力线外漏。音箱上用到的扬声器单元基本上都是动圈类的。按照结构,音箱的扬声器可以分为锥盆扬声器、球顶扬声器和平板扬声器三大类。扬声器单元的口径大小一般和振动频率成反比,口径越大,低频响应下限越低,其低音表现力也越好,而高音则正好相反。一般来说,2～3.5 英寸的锥盆扬声器主要用在全频带扬声器上,4～6 英寸的一般作为中音扬声器使用,6.5 英寸以上的则几乎全是低音扬声器。

电源部分。音箱内的电路为低压电路,所以首先需要一个将高电压变为低电压的变压器(一般固定在主音箱的底部),然后用 2 个或 4 个二极管将交流电转换为直流电,最后用电容对电压进行滤波,使输出的电压趋于平缓。

信号放大器。声卡将数字音频信号转为模拟音频信号输出,此时音频信号电平较弱,一般只有几百毫伏,还不能推动扬声器正常工作。这时就需要通过放大器(功率放大器,简称功放)把信号放大,使之足以推动扬声器正常发声,同时放大器还兼管音量大小和高音、低音的控制。信号放大器由前级功放和功放芯片组成。前级功放只起电压放大的作用,它为功率放大作准备,预先将输入信号的电压幅度放大到功率放大要求的最小值以上,因此对它的要求除了频率范围和失真度外,最重要的就是放大倍数要够。至于功放芯片,可称之为音箱的核心,其中关键之处在于它的额定功率。按照标准规定,音箱标注的额定功率不应该超过功放芯片的典型值。一些新式的音箱除了上述几大组成部分之外,还包含其他一些特殊功能的电路,如 USB 音箱的数—模转换电路,数字音箱的数字输入、数字调节电路,3D 声场处理芯片,以及有源机电伺服技术电路和高清晰、高原音重放系统技术电路等。

4. 移动存储设备

USB 闪存盘、移动硬盘、可擦写光盘等存储设备,无须打开机箱,通过外部接口或相应的设备,即可方便地对其进行读写操作。这类设备统称为移动存储设备或移动存储器。移动存储设备具有高度集成、快速存取、方便灵活、性价优良、容易保存等性能。从存储介质上来区分,移动存储设备分为磁介质存储(如 ZIP 存储器、LS-120 存储器、USB

移动硬盘)、光介质存储(如 CD-RW、DVD、MO)和闪存介质存储(如 USB 闪存盘、各种闪存卡)三种。磁介质存储由于价格高、标准众多,因而较难普及。下面介绍常用的移动存储设备。

(1) CD-R/CD-RW

可写光盘(CD-R,Recordable CD)。它的特点是只写一次,写完后的 CD-R 光盘无法被改写,但可以在 CD-ROM 驱动器和 CD-R 刻录机上被多次读取。CD-R 光盘的最大优点是其记录成本在各种光盘存储介质中最低,而且其使用寿命很长,因此 CD-R 已逐渐成为数据存储的主流产品,在数据备份、数据交换、数据库分发、档案存储和多媒体软件出版等领域获得了广泛应用。

可以擦写的光盘(CD-RW,Re-Writeable CD)。它的特点是可以写入也可以擦除再重新写入数据。

最新的 CD-R 刻录机将支持 CD-UDF 格式,在支持 CD-UDF 格式的 DOS 或 Windows 环境下,CD-R 刻录机具有和软驱一样的独立盘符或图标。用户无须使用刻录软件,就可像使用软驱一样直接对 CD-R 刻录机进行读写操作,这样大大简化了 CD-R 刻录机的操作和管理,给用户带来极大的方便。

除整盘刻写、轨道刻写和多段刻写三种刻录方式外,有的刻录机还支持增量包刻录方式。增量包刻录方式的最大优点是允许用户在一条轨道中多次追加刻写数据,由于数据区的前间隙和后间隙只占用了 7 个扇区,因此增量包刻录方式与软硬盘的数据记录方式类似。增量包刻录方式特别适用于经常仅需备份少量数据的情况。

(2) 移动硬盘

移动硬盘以硬盘为存储介质,可以在不同终端间移动,大大方便了计算机之间交换大容量数据。移动硬盘多采用 USB、IEEE 1394 等传输速度较快的接口,以较高的速度与系统进行数据传输。因为移动硬盘采用硬盘为存储介质,所以在数据的读写模式与标准 IDE 硬盘是相同的。一般 2.5 英寸品牌移动硬盘的读取速度约为 50~100 MB/s,写入速度约为 30~80 MB/s。

移动硬盘具有以下优点:容量大,可提供相当大的存储容量(如 12TB);体积小,尺寸分为 1.8 寸、2.5 寸和 3.5 寸三种;数据传输速度高;使用方便,即插即用;存储数据安全可靠等。

(3) U 盘

U 盘即 USB 接口闪存盘(USB flash disk)。U 盘的称呼最早来源于朗科公司生产的一种新型存储设备,名曰优盘,也叫 U 盘,使用 USB 接口进行连接。USB 接口位于计算机的主机后,插入 USB 接口后 U 盘的资料就可放到计算机上了;计算机上的数据也可以放到 U 盘上,很方便。而之后生产的类似技术的设备由于朗科已进行专利注册,而不能再称之为优盘,而改称谐音的 U 盘或形象地称之为闪存、闪盘等。后来 U 盘这个称呼因其简单易记而广为人知,而直到现在这两者也已经通用,并对它们不再作区分。

U 盘的组成很简单,主要由外壳+机芯组成。机芯包括一块 PCB+USB 主控芯片+晶振+贴片电阻、电容+USB 接口+贴片 LED(不是所有的 U 盘都有)+FLASH(闪存)芯片。外壳按材料分类,有 ABS 塑料、竹木、金属、皮套、硅胶、PVC 软件等;按风格分类,有卡片、笔型、迷你、卡通、商务、仿真等；按功能分类，有加密、杀毒、防水、智能等。

　　U 盘的优点有：体积小，仅大拇指般大小；重量轻，一般在 15 克左右；操作速度较快（USB 1.1、2.0、3.0、3.1 标准）；存储容量大，如 128 G、256 G、512 G、1 T 的 U 盘；性能较可靠，由于没有机械设备在读写时断开而不会损坏硬件；防潮防磁、耐高低温、安全可靠等。

　　（4）闪存卡及读卡器

　　闪存卡是利用闪存（Flash Memory）技术达到存储电子信息的存储器，一般应用在数码相机、掌上计算机、MP3 和 MP4 等小型数码产品中作为存储介质，外观小巧，犹如一张卡片，所以称之为闪存卡。根据不同的生产厂商和不同的应用，闪存卡有 SM（Smart Media）卡、CF（Compact Flash）卡、MMC（Multi Media Card）卡、SD（Secure Digital）卡、记忆棒（Memory Stick）、TF（Trans-flash）卡等多种类型。

　　这些闪存卡虽然外观、规格不同，但是技术原理都是相同的。由于闪存卡本身并不能直接被计算机辨认，读卡器就是一个两者的沟通桥梁。读卡器（Card Reader）可使用很多种存储卡，如 Compact Flash、Smart Media、Microdrive 存储卡等，作为存储卡的信息存取装置。读卡器可支持 USB 1.1/2.0/3.0 的传输界面，支持热拔插。与普通 USB 设备一样，只需插入计算机的 USB 端口，然后插入存储卡就可以使用了。按照速度来划分有 USB 1.1、USB 2.0 及 USB 3.0；按用途来划分，有单卡读卡器和多卡读卡器。

5. 打印机

　　打印机是计算机的输出设备之一，用于将计算机处理结果打印在相关介质上。衡量打印机好坏的指标有三项：打印分辨率、打印速度和噪声。根据打印机的工作原理，可以将打印机分为点阵式打印机、喷墨打印机和激光打印机等。

　　点阵式打印机又称针式打印机，是利用打印头内的点阵撞针，撞击打印色带，在打印纸上产生打印效果。针式打印机基本可分为打印机械装置和打印电路两大组成部分。打印机械装置包括打印头、字车机构、输纸机构、色带机构与机架外壳。打印电路包括控制电路、驱动电路、打印机状态检测电路及传感器、操作面板、电路接口等。

　　喷墨打印机的打印头由几百个细小的喷墨口组成，当打印头横向移动时，喷墨口可以按一定的方式喷射出墨水到打印纸上，形成字符、图形等。喷墨打印机一般可分为机械部分和电路部分。机械部分通常包括墨盒和喷头、清洗部分、运转机械、输纸机构和传感器等几个部分。运转机械用于实现打印位置定位；输纸机构提供纸张输送功能，运行时和运转机械配合完成全页的打印；传感器检查打印机各部件工作状况。这些部件中以墨盒和喷头最为关键。

　　激光打印机由激光扫描、电子照相和控制三大系统组成。激光扫描系统包括激光器、偏转调制器、扫描器和光路系统。其作用是利用激光束的扫描形成静电潜像。电子照相系统由光导鼓、高压发生器、显影定影装置和输纸机构组成。其作用是将静电潜像变成可见的输出。激光打印机的打印原理类似于静电复印，所不同的是静电复印是采用对原稿进行可见光扫描形成潜像，而激光打印机是用计算机输出的信息经调制后的激光束扫描形成潜像。

　　3D打印机又称三维打印机,其工作原理是把数据和原料放进3D打印机中,机器会按照程序把产品一层层造出来。3D打印机与传统打印机最大的区别在于它使用的"墨水"是实实在在的原材料,堆叠薄层的形式有多种多样,可用于打印的介质种类多样,从繁多的塑料到金属、陶瓷以及橡胶类物质。有些打印机还能结合不同介质,使打印出来的物体一头坚硬而另一头柔软。

6. 扫描仪

　　扫描仪是利用光电技术和数字处理技术,以扫描方式将图形或图像信息转换为数字信号的装置。扫描仪分为平板式、胶片、专业滚筒、手持扫描仪。

　　平板式扫描仪是最常见的一种扫描仪,它的扫描区域是一块透明的玻璃,幅面从A4～A3不等,将扫描件放在扫描区域之内,扫描件不动,光源通过扫描仪的传动机构作水平移动。发射的光线照在扫描件上经反射(正片扫描)或透射(负片扫描)后,由接收系统接收并生成模拟信号,再通过A/D转换装置转换成数字信号后传送给计算机,再由计算机进行相应的处理,从而完成扫描过程。它又可分高、中、低3个档次,若进行印刷设计则应选用高、中档扫描仪。

　　胶片扫描仪,由于诸如幻灯片之类的物体在扫描时,需要光源透过物体而不是物体将光源进行反射,并且由于一般物体尺寸较小,并需要高分辨率进行扫描,从而导致了专业胶片扫描仪的诞生。

　　专业滚筒扫描仪是以一套光电系统为核心,通过滚筒的旋转带动扫描件的运动从而完成扫描工作。它分为高档滚筒扫描仪和小型台式滚筒扫描仪。

　　手持扫描仪是最低档的扫描仪,其外观很像一只大的鼠标,一般只能扫描4英寸宽。手持扫描仪多采用反射式扫描,它的扫描头较窄,只可以扫描较小的稿件或照片。其分辨率也较低,一般在600dpi以内。

　　随着技术的发展,2013年诞生了3D扫描仪。3D扫描仪是一种科学仪器,用来侦测并分析现实世界中物体或环境的形状(几何构造)与外观数据(如颜色、表面反照率等性质)。搜集到的数据常被用来进行三维重建计算,在虚拟世界中创建实际物体的数字模型。这些模型具有相当广泛的用途,举凡工业设计、瑕疵检测、逆向工程、机器人导引、地貌测量、医学信息、生物信息、刑事鉴定、数字文物典藏、电影制片、游戏创作素材等等都可见其应用。

1.1.4　计算机硬件系统的维护

　　计算机系统的故障检测是一项非常复杂的工作,涉及的知识面也非常广,既要有一定的理论知识,又要有相当丰富的实践经验。计算机系统故障既涉及硬件,又涉及软件。故障检测既要进行动态通电检测,又要进行静态断电检测。下面介绍计算机硬件系统检测的基本方法。

1. 计算机硬件系统故障处理基本原则

　　(1) 由表及里

　　先检查表面现象(如机械磨损、接插件接触是否良好、有无松动等)以及计算机外部部件(如开关、引线、插头、插座等),然后再进行计算机内部部件检查。在内部检查时,也要按照由表及里的原则,即直观地先检查有无灰尘影响、烧坏器件以及接插器件的情况等。

（2）先电源后负载

计算机系统的电源故障影响最大,是比较常见的故障。检查时应从供电系统到稳压电源,再到计算机内部的直流稳压电源。检查电压的过压、欠压、干扰、不稳定、接触、熔丝等部分。若各部分电源电压都正常,再检查主板,这时也应先从直流稳压电压查起,各直流输出电压正常,再查以后的负载部分,即主机的各部件和外设。

（3）先外部设备再主机

计算机系统是以主机为核心,外加若干外部设备构成的系统,从价格和可靠性等方面来说,主机都要优于外部设备。因此,在故障检测时,要先确定是主机问题还是外部设备问题,或者先脱开计算机系统的所有外设,但要保留显示器、键盘、硬盘,再进行检查确定。若无外设故障,再检查主机故障。

（4）先静态后动态

维修人员在维修时应该先进行静态（不通电）直观检查或进行静态测试。在确定通电不会引起更大故障时（如供电电压正常、负载无短路等）,再通电让主机工作进行检查。

（5）先简单后复杂

计算机系统的故障原因是多种多样的,有的故障现象相同但引起的原因可能各不相同,在检测时,应先从常见的简单的故障入手,常见的简单故障先解决,故障难度较大则应后解决,最后处理特殊故障。有的故障看似复杂,但可能是由简单故障连锁引起的,所以先排除简单故障可以提高工作效率。

（6）先公共性故障后局部性故障

计算机系统的某些部件故障影响面大,涉及范围广,如主板控制器不正常则使其他部件都不能正常工作,所以应首先予以排除;然后再排除局部性故障。

（7）先主要后次要

计算机系统不能正常工作,其故障往往有主要故障和次要故障,如系统硬盘不能引导和打印机不能打印。在这里,很显然硬盘不能正常工作是主要故障。一般影响计算机基本运行的故障属于主要故障,应首先进行解决。

2.计算机硬件系统故障处理基本方法

（1）观察法

观察法是利用眼睛、耳朵等感觉器官和手电、放大镜等辅助工具去直接观察计算机硬件系统,发现故障原因,排除故障现象。

观察主板有无断线、氧化、虚焊等现象。观察芯片表面字迹和颜色有无焦色、龟裂、字迹颜色变黄等现象,如有则更换此组件。观察主板上的插头、插座是否歪斜,元器件引脚是否相碰,显卡、内存条等是否插接良好。还要查看是否有异物掉进主板的元器件之间,造成主板短路。

观察板卡上是否存在断线故障。常见的断线故障有信号线内部断裂、印刷电路板上线路断裂,元器件的引脚断裂或脱焊等,这种故障一般凭肉眼观察即可发现。

观察板卡上是否有短路故障。这种故障通常发生在印制线路和集成电路引脚之间，以焊锡及裸露的引线相碰造成的短路比较多见。另外，电子元器件管脚相碰和元器件与屏蔽罩、金属底板、散热片之间相互接触而造成的短路也时有所见。短路故障一般用眼睛就可以看出来，但有些短路故障较为隐蔽，常常需要仔细观察才能辨认清楚。

观察板卡上是否有元器件故障。电解电容器在工作中温升较高，液体漏出外壳，这时外壳大多胀裂变形，可认为电解电容漏电。印刷电路板和元器件引脚之间产生漏电。通常在漏电区域可见污垢、尘埃、水汽等现象。在检查时，要特别注意因电解电容漏液、水汽及焊膏等造成的漏电。

（2）替换法

替换法是用好的部件替换可能有故障的部件，以判断故障现象是否消失的一种维修方法。替换法既适合于部件之间的替换，如硬盘、光驱、显示器及打印机等，也适用于板卡，如声卡、网卡、显卡，还适用于内存条、CPU 等。部件可以是同型号的，也可能是不同型号的。

用替换法处理故障时，要防止静电，更不可带电操作，确认操作无误时方可加电测试，否则会造成人为的或增添新的故障。

（3）最小系统法

最小系统是指从维修判断的角度能使计算机开机或运行的最基本的硬件和软件环境。最小硬件系统由电源、主板和 CPU 组成。在这个系统中，没有任何信号线的连接，只有电源连接到主板上。在判断过程中是通过声音来判断这一核心组成部分是否正常工作。最小软件系统由电源、主板、CPU、内存、显卡/显示器、键盘和硬盘组成。这个最小系统主要用来判断系统是否完成正常的启动与运行。以最小系统为基础，每次只向系统添加一个部件/设备或软件，来检查故障现象是否消失或发生变化，从而判断并定位故障部位、排除故障。

1.2　实验操作

1.2.1　计算机主机的安装

首先，打开一台计算机主机机箱，查看计算机主机主要组成部件。然后，在熟悉计算机主机主要部件基础上，练习主机主要部件的拆卸。主机拆卸的主要步骤（与装机步骤相反）是断开数据线、电源线、机箱内部连线，拆卸网卡、声卡和显卡，拆卸硬盘和光盘驱动器，拆卸主板，拆卸内存条，拆卸 CPU，拆卸电源。主机各部件的拆卸步骤与该部件的安装步骤也是相反的。最后，将拆卸后的计算机主机组装好，练习主机主要部件的安装。主机安装的主要步骤是安装电源，安装 CPU，安装内存条，安装主板，安装硬盘和光盘驱动器，安装显卡、声卡和网卡，连接机箱内部连线、主板电源线，整理内部连线。

下面，介绍计算机主机各部件的安装方法。

1. 机箱的准备

清理好机箱以及内部的零配件(螺钉、挡板等),将机箱面板、主板对着的一侧(或机箱两侧)的盖板卸下,机箱面板部位靠近自己,平放在桌子上。对照主板输入/输出孔的部位,用手或十字起子推压,去除机箱后面背板上相应安装孔、AGP 插槽以及 PCI 插槽位置上的可拆除铁片,如图 1-11 所示。

图 1-11　机箱准备

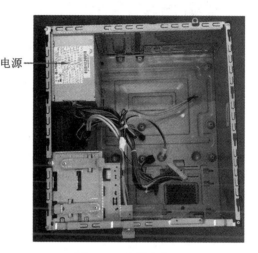
图 1-12　电源安装

机箱面板、两侧盖板待主板等其他部件安装好后最后安装。

2. 电源的安装

安装主板之前,应该先安装机箱电源。电源安装在机箱后部上方,先将电源放进机箱上的电源槽,并将电源上的螺钉固定孔与机箱上的固定孔对正。先拧上一颗螺钉(先不要拧紧,固定住电源即可),然后将其他 3 颗螺钉孔对正位置,再拧紧全部螺钉,如图 1-12 所示。

需要注意的是,安装电源时,首先要做的就是将电源放入机箱内,这个过程中要注意电源放入的方向。有些电源有两个风扇,或者有一个排风口,其中一个风扇或排风口应对着主板,放入后稍稍调整,让电源上的 4 个螺钉和机箱上的固定孔分别对齐。

电源安装好后,整理一下机箱音频线、控制线、USB 接线、电源线,将它们收拢,用扎带扎在一起,准备安装主板等部件。

3. CPU 的安装

首先,准备好主板、CPU、内存、硅脂、CPU 风扇及散热片等,检查这些部件外观,确认这些部件是否有完好无损伤。

其次,把主板上 CPU 插入连接器(ZIF,Zero Insertion Force)旁的锁杆抬起,如图 1-13(a)所示。插入前,应使 CPU 的针脚与插座针脚一一对应。一般处理器的一个角少几根针脚,主板的 CPU 插槽上也有相对应的缺口。将 CPU 对准插槽并插入。检查 CPU 是否完全平稳插入插座,确认后将锁杆复位,锁紧 CPU,如图 1-13(b)所示。

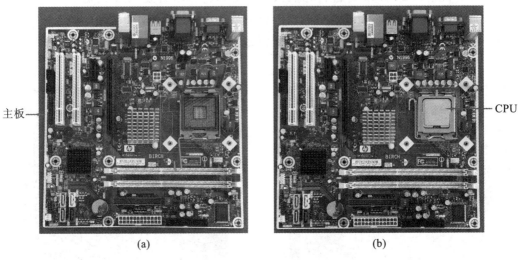

主板————   ————CPU

            (a)   (b)

图 1-13   安装 CPU

再次,安装 CPU 风扇和散热片,用螺钉将 CPU 风扇固定在散热片上,如图 1-14 所示。

图 1-14   散热片上安装 CPU 风扇

然后,将 CPU 散热片及风扇安装在 CPU 上。为达到较好的散热效果,先在 CPU 表面涂抹一些散热硅脂或者散热硅胶,如图 1-15(a)所示。接着放平散热器,使其能完全贴附在 CPU 表面上,拧紧螺钉固定散热片,如图 1-15(b)所示。

最后,将 CPU 风扇的电源线接到主板上的 CPU 风扇电源接头上。

4. 内存条的安装

首先,掰开内存槽两侧的固定卡齿。

然后,分清内存的类型,找准内存上金手指处的缺口与内存槽上对应的隔断位置,将内存条垂直地用劲插到底。每一条内存槽的两旁都有一个卡齿,当内存缺口对位正确,

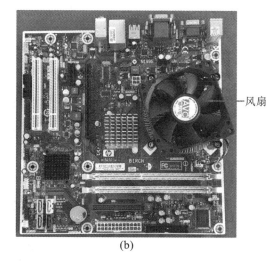

—风扇

(a)　　　　　　　　　　　　(b)

图 1-15　CPU 散热片安装

且插接到位之后,这两个卡齿应该自动将内存卡住,如图 1-16 所示。

—内存条

图 1-16　内存条安装

若要卸下内存,只需向外搬动插槽上的两个卡齿,内存卡就会自动从内存槽中弹出。由于内存很薄,很容易被折断,所以要格外小心,用力不要太大。

5. 主板的安装

首先,把已经安装好 CPU、内存条的主板放进机箱,将主板 PCI 插槽、AGP 插槽、网口、音频口、串口、并口、鼠标、键盘接口对准机箱背板上的对应位置。

然后,将主板上螺钉孔逐一对准机箱上的螺钉孔,并拧上螺钉,且不要拧紧,待所有螺钉对准螺钉孔并拧上后,再逐一拧紧所有螺钉。不要将螺拧得太紧,否则容易导致主板的印制电路版龟裂或损坏,主板安装如图 1-17 所示。

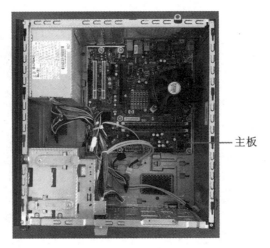

图 1-17　主板安装

如果要把主板从机箱中取出来,首先把插在主板上的显示卡、声卡、网卡等扩展卡取出来,并且把硬盘数据线、电源线、信号线等各种连接线从主板上拔下。然后把固定主板的螺钉拧下,就可以很容易地取出主板了。

6.驱动器的安装

(1)硬盘的安装

先将硬盘安装到硬盘架中。把硬盘放到硬盘插槽中,单手捏住硬盘(注意手指不要接触硬盘底部的电路板,以防人体身上的静电损坏硬盘),对准安装插槽后,轻轻地将硬盘往里推,直到硬盘的 4 个螺孔与硬盘架上的螺孔对齐为止,然后拧紧螺钉,如图 1-18 所示。

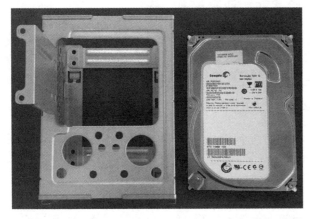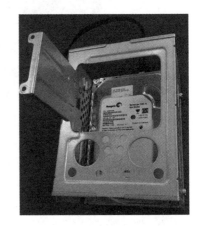

图 1-18　硬盘安装到硬盘支架

注意,硬盘工作时其内部的磁头会高速旋转,因此必须保证硬盘安装到位且牢固稳定。硬盘的两边各有两个螺孔,因此最好能上 4 个螺钉,且在固定螺钉时 4 个螺钉的进度要均衡,切勿一次性拧好一边的两个螺钉,然后再去拧另一边的两个。如果一次就将某个螺钉或某一边的螺钉拧得过紧,硬盘受力可能就会不对称,从而影响硬盘工作,造成数据的损坏。

　　然后把装有硬盘的支架固定在机箱前部下方。安装硬盘时,硬盘数据线接口需靠近主
板数据线接口,硬盘电源线接口方便插接,最好先把数据线插入硬盘接口上,如图 1-19
所示。

图 1-19　硬盘安装

（2）光驱的安装

　　将光驱从外向内推入机箱前部上方的光驱插槽中,当光驱到位后,用锁紧栓锁紧光
驱,或螺钉固定光驱,方法与硬盘的固定相同,如图 1-20 所示。

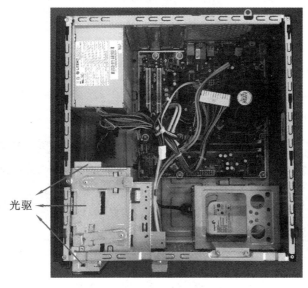

图 1-20　光驱安装

7. 独立显卡、声卡和网卡的安装

安装独立显卡的方法,先将显卡很小心地对准 AGP 插槽插入,确认显卡上的金手指的金属触点与 AGP 插槽接触良好,然后用螺钉拧紧显卡固定金属片,使显卡固定在机箱背板上,如图 1-21 所示。

声卡、网卡 ——————

独立显卡

图 1-21　独立显卡安装

独立声卡的安装方法,将声卡插入一个空余的 PCI 插槽,并移除机箱背板上对应 PCI 插槽的扩充挡板,然后用螺钉拧紧声卡固定金属片,使声卡固定在机箱背板上。完成硬件安装后,声卡并不能立即工作,还需要在 Windows 环境下安装声卡的驱动程序。

独立网卡的安装方法与声卡相同,安装完网卡后,也需要在 Windows 环境下安装网卡的驱动程序,并设置网络通信协议后才能使用。

8. 机箱内部连线的安装

(1) 连接控制线

首先,查看机箱控制面板连线插头标识,如图 1-22(a)所示,并查看主板上与控制面板对应的连线插座标识,如图 1-22(b)所示。

红色 ——————

(a)　　　　　　　　　　　　　　　(b)

图 1-22　机箱内部控制线实例

　　不同的主机,其机箱内部的连线大同小异,主要包括:POWER SW 两芯插头是电源开关接线,连接主机面板上计算机启动开关。HDD LED 硬盘指示灯两芯接头,一根线为红色,另一根为白色。在主板上,这样的插针通常标有 IDE LED 或 HDD LED 的字样,连接时要红线对 1。这条线接好后,当系统读写硬盘时,机箱上的硬盘指示灯会亮。POWER LED 插头是电源指示灯的接线,一根线通常为绿色,另一线为白色。在主板上,插针通常标记为 PLED,连接时注意绿色线对应＋PLED。连接好后,计算机在开机状态时,电源灯就一直亮着,指示计算机已经通电了。RESET SW 两芯接头连着机箱控制面板上的 RESET 键,它要接到主板的 RESET 插针上。主板上 RESET 针的作用是当它们短路时,计算机就重新启动。RESET 键是一个开关,按下它时短路,松开时恢复开路,瞬间的短路就可使计算机重新启动。ATX 结构的机箱上有一个总电源的开关接线,是个两芯的插头,它和 RESET 接头一样,按下时短路,松开时开路。按一下,计算机的总电源就被接通了,再按一下就关闭,但是用户还可以在 BIOS 里设置为关机时必须按电源开关 4 秒以上才会关机,或者根本就不能按此开关来关机而只能靠软件关机。

　　然后,控制面板连接端插入主板上相应的位置。将机箱控制面板上的电源开关、复位按键、硬盘指示灯等连接端插入主板上的相应插针上。连接这些开关线和指示灯线是比较繁琐的,因为不同的主板在插针的定义上是不同的,究竟哪几根是用来插接指示灯的,哪几根是用来插接开关的,都需要仔细查对机箱控制面板连线标识,主板上与控制面板对应的连线标识,或者查阅主板说明书。其中,主板的电源开关、RESET 按键的连线是不分方向的,只要弄清插针就可以插好。而 HDD LED、POWER LED 等,由于使用的是发光二极管,插反则不亮,所以一定要仔细核对正负极。

　　(2) 连接驱动器数据线、音频和 USB 面板接口线

　　将硬盘数据线插入主板数据接口。硬盘数据线若是 IDE 接口,一般应接主板上 IDE 1 接口,应注意同一个 IDE 接口上连接两个设备时,一般的原则是传输速率相近的安装在一起,硬盘和光驱应尽量避免安装在同一个 IDE 接口上。数据线若是 SATA 接口,一般应接 SATA 1 接口。小型计算机系统接口(SCSI,Small Computer System Interface)硬盘接主板上相应的 SCSI 接口。

　　将光驱数据线接入主板数据线接口。光驱数据线若是 IDE 接口,一般应接 IDE 2 接口;数据线若是 SATA 接口,一般应接 SATA 2 接口。

　　音频和 USB 面板接口线插头插入主板对应插座,注意先辨别清楚主板上音频、USB 插口,然后在插入相应的连线插头。

　　(3) 连接电源线

　　将主板电源线插头插入主板电源插座,主板电源接头一般是 20 针的接头,主板供电接口带有一个用于固定电源接头的小扣,方向反了则无法插入。将 CPU 电源插头插入主板 CPU 电源插座(有的主板没有)。插好硬盘电源、光驱电源插头,如图 1-23 所示。

图 1-23　电源线连接

（4）整理内部连线

机箱内部连线和电源线连接完毕后，应当立刻对它们进行整理，将多余长度的线缆和没有使用的电源插头折叠、捆绑，使机箱内部整洁、美观。特别是不要让线缆碰到主板上的部件，给 CPU 风扇周围留出尽量大的空间，以利于散热。

1.2.2　计算机主要外部设备的安装

计算机外部设备很多，主要包括显示器、键盘和鼠标，根据需要还可选配音箱、打印机、扫描仪、数码相机等等。下面，介绍常用主要的外部设备的安装方法。

1. 显示器的安装

（1）显示器的硬件安装

显示器一般都有一个底座，如图 1-24（a）为显示器底座实例。显示器有电源线插孔和信号线插孔，如图 1-24（b）显示器实例。

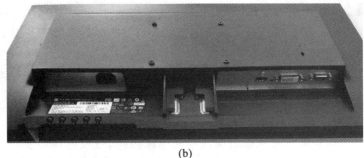

(a)　　　　　　　　　　　　　　　　(b)

图 1-24　显示器底座和显示器实例

首先,将显示器安装在底座上,并用螺钉把显示器固定在底座上,有的直接用卡勾固定。

然后,将视频图形阵列(VGA,Video Graphics Array)电缆一端插头拿正端平对准显示器 VGA 插座平稳插入,并拧紧插头两边的压紧螺钉。同样,将 VGA 电缆插头另一端插入主机背板显示卡尾部的 VGA 输出插座并固定。VGA 信号线插座为梯形 15 针插座。数字视频接口(DVI,Digital Visual Interface)信号线有 DVI-I(24+5 脚)和 DVI-D(24+1 脚)插座,确认 DVI 接口型号,对准接口,将 DVI 电缆一端插入显示器插座,另一端插入显卡插座,并拧紧压紧螺钉。高清多媒体接口(HDMI,High Definition Multimedia Interface)信号线插座直接插入 HDMI 电缆即可。

(2) 显示器的属性设置

显示器刷新频率的高低对眼睛的健康有很大的影响,如果显示器的刷新频率低于 75 Hz,将会感到显示器闪烁,眼睛非常容易疲劳。在玩 3D 游戏和作图时,即使刷新频率在 85 Hz 以上也会感到不舒服。刷新频率的高低由两个因素决定,一是显示卡的带宽,二是显示器的带宽。一般显示卡所能达到的最高刷新频率要远高于显示器的最高刷新频率(分辨率相同的前提下),所以影响分辨率与刷新频率的问题主要集中在显示器上。通常,15 英寸显示器在 800×600 标准分辨率下均能达到 85~100 Hz 的刷新频率,17 英寸显示器在 1 024×768 分辨率下能达到 85 Hz。

开机后,一般需要对显示器属性进行设置。显示器的设置方法如下。

首先,右键单击桌面上的空白区域,在打开的快捷菜单中单击"属性"项,打开"显示属性"对话框,再单击"设置"选项卡。

然后,在"设置"选项卡中,单击"高级"按钮。在打开的对话框中,单击"监视器"选项卡。如果监视器类型显示为"即插即用监视器",则表明没有安装显示器驱动程序。因为现在的显示器在 Windows 下都支持即插即用,系统会自动侦测出显示器为"即插即用监视器",并自动安装显示器驱动程序。但是,如果想要设置成 1 024×768 以上的分辨率或者 85 Hz 以上的刷新频率,那么使用即插即用显示器驱动程序就无法做到这一点了,毕竟微软要考虑大多数显示器的情况,不可能专门针对某个品牌某一型号的产品一一提供最佳的驱动程序。我们所要做的就是更换显示器的驱动程序。

在"监视器"选项卡中有一个"隐藏该监视器无法显示的模式"选项,它体现了显示器驱动程序的重要性。如果没有安装自己的显示器驱动程序,且当"隐藏该监视器无法显示的模式"选项有效时,最大可调节的刷新频率不会超过 85 Hz。若正确安装了显示器驱动程序,那么 Windows 就会根据显示器驱动程序提供的参数确定此分辨率下的最大刷新频率。这时,如果显示器较好的话,85 Hz 以上的选项就会出现,如 100 Hz、120 Hz、150 Hz 等。

2. 键盘和鼠标的安装

PS/2 接口的键盘和 PS/2 接口的鼠标在插头上都有一个方法标记,注意与主板上的

PS/2 键盘接口和 PS/2 鼠标接口分别对应,将其插头插入对应的键盘接口和鼠标接口中。注意,对于 PS/2 接口的键盘和 PS/2 接口的鼠标不能带电插拔。键盘和鼠标不需要安装驱动程序,除非安装的是带有附加功能的鼠标。

USB 接口的键盘和 USB 接口的鼠标,将其插头插入空闲的 USB 接口上,待系统自动安装驱动即可使用。USB 接口支持键盘和鼠标的热插拔。

3. 音箱的安装

首先,查看主机面板或背板声音信号接口。主机面板上或背板上有三个小圆孔,一个是 Line Out(线路输出)接音响,一个是 Line In(线路输入),一个是 Mic 接话筒。

然后,把一根三对三音频信号线一端插入主机上 Line Out 孔,另一端插入音箱功放的信号输入口。把左音箱接入音箱功放的左(L)输出口,右音箱接入音箱功放的右(R)输出口。插上音箱功放的电源线,打开音箱开关,调整好音量,就可以使用了。

4. 打印机安装

激光打印机、喷墨打印机、点阵式打印机的安装完全一样,分为连接数据线电缆、电源线和安装打印机驱动程序三个步骤。

第一步,连接数据线。并行接口打印机以并行接口为标准输出接口,并行接口打印机电缆的两端不相同,有插针并有两颗固定螺钉的一端接至主机上的并接口,无插针有卡槽的一端接至打印机上的并接口。主机并行接口和打印机端口都是梯形设计,所以打印机电缆反插时插不进去。拧紧接至主机并行接口的两颗螺钉,然后把打印机上的卡子卡住打印机电缆卡槽。对于 USB 接口打印机,将 USB 插头插入主机空置的 USB 接口上即可。连接数据线时,应注意关闭打印机和计算机主机的电源,否则将有可能烧坏主机打印接口。

第二步,连接电源线。将打印机电源线插头插入接线板,有些打印机没有电源开关,只需插入电源线。

第三步,安装打印驱动程序。把随机配送光盘放进光驱,光盘会自动运行到安装引导界面,用户也可直接打开光驱,找到安装运行 exe 文件,双击 exe 文件进行安装。安装时系统会提示是安装一台打印机还是修复本机程序,如果是新的打印机则先添加选项,如果修复本机程序则点"修复",接着系统会提示你把打印机插上电源,并连接到计算机。此时接通打印机电源开关,系统即开始安装打印机驱动程序。安装完成后,系统会提示安装完成。这时,进到"我的打印机和传真"里面,对着刚装的打印机图标点右键选择"属性",单击"打印测试页",能打印则表示打印机安装成功了。

注意:有的打印机是先安装驱动程序,待安装过程界面提示连接数据线、电源线时接插打印机数据线、打印机电源线,并接通打印机电源,然后继续完成安装。

5. 扫描仪的安装

扫描仪的安装分为硬件安装和软件安装两部分。

硬件安装。根据接口类型的不同,方法也有所不同,总体上,扫描仪的硬件安装非常简单。对于 SCSI 接口的扫描仪,要先打开主机机箱安装 SCSI 卡,然后用扫描仪附带的电缆将扫描仪与 SCSI 卡连接。对于并行接口扫描仪将附带的电缆与计算机并行接口(打印机接口)连接起来。对于 USB 接口扫描仪则更加简单,用附带的 USB 接口电缆线将扫描仪与计算机的 USB 接口相连即可。硬件连接好后,检查扫描仪的电源指示灯是否点亮。

安装驱动程序。启动 Windows 操作系统,这时系统会报告发现新硬件,插入扫描仪驱动程序光盘,按照向导提示,一步一步操作即可安装完成。

另外,在安装扫描仪驱动程序前,最好先安装 Photoshop 之类的图像处理软件,这样扫描仪的插件将自动插入图像处理软件中,在图像处理软件中可直接扫描图像。

1.2.3　计算机硬件系统故障分析与处理

下面介绍计算机硬件系统常见的故障现象、故障原因以及解决方法,在实践操作中或实际应用中可对照下面描述进行分析与处理。

1. 主机电源常见故障分析与处理

(1) 主机电源损坏

故障现象:计算机一直正常运行,但某一天计算机反复自动重启。

故障原因:主机电源内部已损坏,无法正常工作。

解决方法:更换新主机电源。

(2) 主机不能开机

故障现象:计算机无法启动。

故障原因:主机的电源线接触不良;主板无供电;主机电源损坏。

解决方法:重新接插电源线,或更换电源线;主板电线接插牢靠;更换新主机电源。

2. 主板常见故障分析与处理

(1) BIOS 设置丢失

故障现象:开机无显示(黑屏或死机)。

故障原因:BIOS 被病毒破坏;BIOS 设置的 CPU 频率不对;扩展槽有问题,导致插上板卡后主板没响应而无显示;主板无法识别内存、内存损坏或内存不匹配。

解决方法:杀毒;修复 BIOS;屏蔽受损的扩展槽;重新设置 BIOS 中的 CPU 频率。

(2) 主板高速缓存不稳定

故障现象:BIOS 中设置使用二级高速缓存后,在运行程序时经常死机,而禁止二级高速缓存时系统可正常运行。

故障原因:二级高速缓存芯片工作不稳定,若用手触摸二级高速缓存芯片,某一芯片温度过高,则很可能它就是不稳的芯片。

解决方法:禁用二级高速缓存或更换芯片。

（3）BIOS 电池失效

故障现象：BIOS 设置后无法保存。

故障原因：主板电池电压不足；主板上 CMOS 跳线设为清除状态；主板电路有问题。

解决办法：更换主板电池；正确设置 CMOS 跳线；或更换主板。

3. CPU 常见故障分析与处理

（1）温度故障

故障现象：计算机运行一段时间后死机，或启动运行较大的软件时死机。

故障原因：这种故障现象一般与 CPU 温度有关。因为随着 CPU 工作频率的加快，CPU 所产生的热量也越来越高，若散热器散热能力不强，热量不能及时散除，CPU 就会长时间在高温下工作，为了避免损坏 CPU 计算机会自动关机。

解决方法：检查散热器风扇工作是否正常，散热器是否紧贴 CPU 芯片，散热器、风扇是否灰尘太多影响散热效果。

（2）超频故障

故障现象：CPU 超频使用了几天后，开机显示器黑屏。

故障原因：因为 CPU 是超频使用，有可能是 CPU 超频不稳定。

解决方法：开机后，用手触摸一下 CPU 是否非常烫。找到 CPU 的外频与倍频跳线，逐步降低频率，直到启动计算机，系统正常，显示器正常显示。若不降低频率，为了系统稳定也可适当调高 CPU 的核心电压。

（3）CPU 接插不良

故障现象：机器一直运行正常，有一天突然无法开机，屏幕提示无显示信号。

故障原因：因为是突然无法开机，故障一般是硬件故障松动而引起接触不良。检查显卡、内存条等硬件有无接插问题，若无问题则可能是 CPU 针脚氧化致使接插不良，从而无法开机。

解决方法：取下 CPU，用橡皮和毛刷仔细擦刷每一个针脚。然后，安装好 CPU，并装好散热片、散热风扇。

4. 内存常见故障分析与处理

（1）内存条接触不良

故障现象：计算机长时间不用后，无法正常启动。

故障原因：故障多与内存、显卡接插不良有关，首先排除显卡的问题，然后确定是否是内存的问题。

解决方法：从主板上取下内存条，用毛刷将其表面灰尘清扫干净，使用橡皮清擦内存条上的金手指，同时，清洁主板上的内存条插槽，重新插好内存条。

（2）内存重复自检

故障现象：开机后，内存需要多次自检。

故障原因：内存容量增加，需要进行多次检测才能完成内存检测操作。

解决方法:自检时按"Esc"键跳过自检,或者进入 BIOS 启用"快速上电自检"。

(3) 提示内存不足

故障现象:当运行大型软件时,总提示内存不足,但计算机实际内存已经较大。

故障原因:一般是系统盘剩余空间不足。

解决方法:系统盘上删除一些无用文件,多留一些可用空间。

(4) 内存条不兼容

故障现象:安装双内存,重新对硬盘分区并安装操作系统,但是安装过程中复制文件时出错,不能继续安装。

故障原因:若只插一根内存条,则可以正常安装操作系统,但是插两根内存条则出错,这是由于内存条不兼容。

解决方法:只插一根内存条安装操作系统,然后再将另一根内存条插上,通常情况可以识别并正常工作;或者更换一根兼容性的内存条。

(5) 内存条质量有问题

故障现象:原系统工作正常,但添加一根内存条后,无法正常开机。

故障原因:内存条为劣质产品;内存条已损坏;内存条工作频率与标识频率不一致。

解决方法:购买质量可靠的内存条;查看内存条外观是否良好,金手指是否缺损或接触是否良好;内存条单独使用时能正常启动,但发现内存条的工作频率标识不一致,需更换高频率的内存条。

5. 硬盘常见故障分析与处理

(1) 系统不能识别硬盘

故障现象:对部分硬件进行升级,安装了新显卡,安装后可以正常使用,但系统运行不稳定,经常出现死机。

故障原因:系统不能正常识别硬盘,通常是硬盘本身、主板、电源、BIOS 设置等方面的问题;硬盘数据线损坏或接插不良。

解决方法:查看硬盘本身、主板、电源、BIOS 设置,重新接插数据线,或更换数据线。

(2) 硬盘工作时噪声很大

故障现象:计算机工作时,硬盘转动和读写的噪声很大。

故障原因:硬盘安装不到位。

解决方法:查看硬盘安装是否牢固,所有螺钉是否拧紧。

(3) 系统无法启动

故障现象:计算机开机后无法从硬盘启动。

故障原因:主引导程序损坏;分区表损坏;DOS 引导损坏;系统程序出错。

解决方法:重新对硬盘分区,重新安装操作系统。

(4) 硬盘坏道

故障现象:打开或复制文件时,硬盘的读写速度变慢、反复读盘、出错、提示无法读取文件、蓝屏;硬盘读写的声音不是正常的"嚓嚓"的摩擦声;每次进入系统时都使用

ScanDisk 扫描硬盘,并在扫描时出现红色"B"标记;在查病毒时,无法从硬盘引导;自检时,提示"Hard diskdrive failure"等信息;用 U 盘进行引导时,出现"Sector not found"等信息;对硬盘分区、格式化时,报错。

故障原因:硬盘坏道分为逻辑坏道和物理坏道两种。逻辑坏道为软坏道,大多是由于软件的操作使用不当造成的,逻辑坏道是日常使用中最常见的硬盘故障,实际上是磁盘磁道上面的校验信息(ECC)跟磁道的数据和伺服信息不相符。出现这一故障,通常都是因为一些程序的错误操作或是该处扇区的磁介质开始出现不稳定的先兆。

解决方法:如果硬盘有逻辑坏道,只要将硬盘重新分区、格式化就可以了。对于物理坏道只能通过改变硬盘分区或扇区的使用情况来解决,或者更换硬盘、返厂维修。

(5)不能访问硬盘

故障现象:计算机开机后,无法访问硬盘。

故障原因:硬盘未进行格式化,硬盘感染病毒,硬盘发生了物理损坏,数据线接触不良。

解决方法:对硬盘进行正确格式化,使用杀毒软件杀毒,修复硬盘或更换硬盘,重新接插数据线。

6. 声卡常见故障分析与处理

(1)无声或单声道输出

故障现象:无声音输出或单声道。

故障原因:音频线接插不良,音频线断裂,两个声道或一个声道无声;声卡属性设置不正确;声卡驱动未安装;操作系统中关于数字音频的选项未被选中;声卡与其他插卡有冲突;安装了 Direct X 后声卡无声。

解决方法:将音频线接插良好,若音频线断裂则需更换;正确设置声卡播放属性;正确安装好声卡驱动程序;选用支持数字音频的播放软件;调整硬件设备,使各卡互不干扰;安装 Direct X 后声卡无声,需要更新声卡驱动程序。

(2)噪声较大

故障现象:播放声音时噪声较大。

故障原因:声卡插入不正,音频线接插不良,声卡驱动程序安装不正确。

解决方法:插好声卡,插好音频线缆,安装与声卡配套的驱动程序。

(3)PCI 声卡出现爆音

故障现象:安装独立声卡后,出现爆音。

故障原因:一般 PCI 显卡采用 Bus Master 技术造成挂在 PCI 总线上的硬盘读写、鼠标移动等操作时会放大背景噪声。

解决方法:关闭 PCI 显卡的 Bus Master 功能,换成 AGP 显卡,声卡换一个插槽。

7. 显卡常见故障分析与处理

(1)接触不良

故障现象:计算机不能正常启动,打开机箱,通电后发现 CPU 风扇运转正常,但显示器无显示,主板也无任何报警声响。

故障原因:CPU 工作正常、内存条正常,显卡接插不良。

解决方法:取下显卡,用毛刷清扫显卡表面灰尘,用橡皮清擦显卡金手指,并清洁显卡插槽,然后安装好显卡。

(2) 显示器花屏

故障现象:开机显示就花屏或计算机能正常启动运行,但在运行大型游戏或制图软件一段时间后出现花屏现象。

故障原因:显卡驱动程序安装不正确;显卡质量不高,不能满足大型游戏等软件的运行需求。

解决方法:重新安装显卡驱动程序,或者更换能满足大型游戏等软件的运行需求的显卡。

(3) 显示颜色偏色

故障现象:显示颜色偏色。

故障原因:显卡与显示器信号连线接触不良,或者显卡损坏。

解决方法:重新连接显卡和显示器的连线,若显卡损坏需更换显卡。

(4) 显卡驱动程序有问题

故障现象:系统启动没问题,只是画面显示不完整。

故障原因:显卡驱动程序载入运行一段时间后驱动程序自动头丢失。一般显卡与主板不兼容或显卡质量不佳,使得显卡工作温度太高,从而导致系统运行不稳定或死机。

解决方法:重新安装显卡驱动程序,或者更换显卡。

(5) 系统工作不稳定

故障现象:安装新的显卡后可以使用,但系统运行不稳定、经常出现死机现象。

故障原因:显卡功耗较大,系统电源供电不足,造成显卡工作不稳定,从而出现死机。

解决方法:更换功率较大的电源。

8. 光驱常见故障分析与处理

(1) 无法启动系统

故障现象:安装了光驱后,系统无法启动。

故障原因:光驱与硬盘共用一条 IDE 数据线,需要把硬盘设置为"Master"主盘,光驱设置为"Slave"从盘。

解决方法:检查 IDE 连线,并设置好光驱跳线。

(2) 系统检测不到光驱

故障现象:开机自检时,不能检测到光驱,进入系统后检测不到光驱盘符。

故障原因:光驱驱动安装不正确,光驱数据连线不正确,光驱电源线接插不良,光驱损坏。

解决方法:重新安装驱动程序,或连接好数据线,或接插好光驱电源线,或更换光驱。

（3）光盘数据无法读取

故障现象：光盘数据无法读取。

故障原因：光驱数据线接插不良，光盘本身变形、不清洁、已损坏，光盘未正确放置在光驱托盘上，光驱损坏。

解决方法：重新接插光驱数据线，或重新放置好光盘，或使用好的光盘，或更换光驱。

（4）刻录失败

故障现象：光盘刻录过程中提示刻录失败。

故障原因：刻录过程中文件无法正常传送造成刻录中断，或者刻录机连续工作发热量过高。

解决方法：对磁盘碎片进行整理，保证数据传送流畅。刻录机发热过高时，可以暂停使用，待温度降低后再继续刻录。

（5）光盘播放声音图像质量不佳

故障现象：播放光盘时，出现声音或图像断续的现象。

故障原因：光盘质量不好，计算机无法正常读取信息；打开程序较多，计算机必须同时处理多件任务。

解决方法：更换好的光盘；关闭其他程序，或重启计算机后再试。

9. 键盘常见故障分析与处理

（1）键盘自检出错

故障现象：计算机开机自检时，提示"Keyboard error"出错信息。

故障原因：键盘接口接触不良；键盘硬件故障；病毒破坏；主板接口故障。

解决方法：重新接插好键盘；更换一个好的键盘；使用杀毒软件查杀病毒，检查是否受病毒破坏；检修主板的键盘接口，或更换主板。

（2）敲击键盘没有反应

故障现象：计算机启动自检时键盘的状态指示灯"NumLock"亮，"CapsLock"灯闪了一下，正常启动后键盘不起任何作用。

故障原因：键盘插口损坏；主板键盘接口损坏。

解决方法：检查键盘插口中插针是否有弯曲短路现象；检查主板是否聚集灰尘，或有损坏的地方，或主板键盘接口虚焊、脱落。

（3）键盘按键不灵敏

故障现象：用力敲击字符时输入正常，轻敲时无反应；个别字符无法输入。

故障原因：不灵的按键存在虚焊或脱焊；不灵的按键的导电塑胶有污垢或损坏；键盘内部芯片有故障；按键失效。

解决方法：对于虚焊或脱焊，使用电烙铁进行补焊；使用浓度在97％以上的酒精擦洗污垢，若导电塑胶损坏，可以把不常用按键上的导线塑胶换到已损坏的地方；若有多个不在同一行、不在同一列的字符不能输入时，更换键盘；更换失效按键。

10. 鼠标常见故障分析与处理

（1）找不到鼠标

故障现象：计算机开机后，找不到鼠标。

故障原因：鼠标损坏；鼠标接插不良；主板上鼠标接口损坏；鼠标内线路接触不良。

解决方法：更换鼠标；重新接插鼠标；修复主板鼠标接口或更换主板；使用电烙铁对鼠标内线路焊点补焊。

（2）鼠标按键失灵

故障现象：点击鼠标按键无反应；鼠标按键无法正常弹起。

故障原因：鼠标按键和电路板上的微动开关使用一段时间后反弹力下降；鼠标内的微动开关中的碗形接触片断裂。

解决方法：更换鼠标内的微动开关；更换鼠标内的微动开关中的碗形接触片。

（3）鼠标指针和鼠标不能很好地同步

故障现象：移动鼠标时鼠标指针轻微抖动，不能和鼠标很好的同步，偶尔鼠标不动，而屏幕上的鼠标指针移动。

故障原因：鼠标中红外发射管、栅轮齿、红外接收器件三者之间的位置不当，同时主机通过接口送出的电压与鼠标匹配不好。

解决方法：调整好鼠标内的红外发射管、栅轮齿、红外接收器件的相对位置。

（4）鼠标引起异常关机

故障现象：使用鼠标时，异常关机。

故障原因：鼠标连线中的细导线绝缘层破损，导致线路短路。

解决方法：将导线分开，用绝缘胶布包好。

11. 显示器常见故障分析与处理

（1）显示器电源指示灯不亮

故障现象：显示器电源指示灯不亮。

故障原因：显示器电源未打开，显示器电源接线不良，显示损坏。

解决方法：打开显示器电源，重新接插电源线，更换显示器。

（2）显示屏无图像

故障现象：开启计算机后，显示屏无图像。

故障原因：显示器信号线接触不良；显示器亮度和对比度设置不正确；显示器属性设置与显示器不兼容。

解决方法：将显示器信号电缆可靠地接到主机；检查显示器亮度和对比度设置，并调整正确；调整显示属性分辨率、刷新率等属性。

（3）显示模糊或出现偏色

故障现象：计算机启动或运行时显示器都出现显示模糊或有偏色。

故障原因：显示器分辨率设置不正确；信号线连接不良或 VGA 信号线插针有弯曲、

折断；显示器周围有磁性物品；显示器损坏。

　　解决方法：正确设置显示器分辨率；重新连接好显示器信号线或更换 VGA 信号线；移开磁性物品并对显示器进行消磁处理；更换显示器。

思　考　题

　　1. 计算机的组成基本原理是什么？计算机硬件系统由哪些主要部件组成？

　　2. 计算机主机由哪些部分组成？计算机主机的安装步骤如何？

　　3. 计算机主板有哪些主要组成部分？主板上有哪些主要接口？如何把主板从主机箱中取出来？

　　4. 什么是 CPU？其主要功能有哪些？如何将 CPU 安装到主板上？

　　5. 什么是内存？如何从主机中取下内存条？

　　6. 什么是硬盘？硬盘的基本结构如何？如何更换主机中硬盘？

　　7. 什么是显卡？什么情况下需要安装独立显卡？

　　8. 什么是网卡？网卡的基本工作原理如何？

　　9. 计算机硬件系统故障处理的基本原则和基本方法有哪些？

　　10. 某办公室一台计算机，主机通电后，显示器无任何显示，分析出至少 5 种故障原因及其处理方法。

第2章 计算机软件系统的安装与维护

【学习导航】

```
                      ┌ 基础知识 ┤ 计算机软件系统
                      │          │ BIOS 和 UEFI
                      │          │ 硬盘分区和格式化
                      │          │ 操作系统
                      │          └ 数据恢复
计算机软件系统的 ─────┤
  安装与维护          │          ┌ BIOS 参数的设置
                      │          │ 计算机软件系统的安装
                      └ 实验操作 ┤ Ghost 工具的使用
                                 │ U 盘系统盘的制作
                                 │ 简单的数据恢复方法
                                 └ 计算机软件系统故障分析与处理
```

【学习目标】

1. 认知目标

(1) 熟悉计算机软件系统组成。

(2) 了解数据恢复的基本原理。

2. 技能目标

(1) 学会 BIOS 参数的设置,学会硬盘分区及格式化。

(2) 掌握操作系统、常用办公及工具软件等的安装。

(3) 掌握 U 盘启动制作方法,学会系统备份和系统恢复的方法。

(4) 掌握误删文件的简单恢复方法。

(5) 能够处理常见的计算机软件系统故障。

【实验环境】

1. 实验工具

大、小一字磁性起子各一把,大、小十字磁性起子各一把,尖嘴钳一把,镊子一把,剪刀一把。

2. 实验设备

计算机数台,含有实验软件的 U 盘,系统光盘,移动光驱,U 盘启动盘,空 U 盘。

3. 实验软件

计算机配套的相关硬件的驱动程序,Windows PE、Windows 7 操作系统,Windows 7 系统 GHO 文件,Microsoft Office 2007 软件,Ghost 工具软件,硬盘分区与格式化工具软件 (DiskGenius),U 盘启动制作工具(大白菜),数据恢复工具软件(Wise Data Recovery)。

2.1　基础知识

2.1.1　计算机软件系统

计算机软件系统(Computer Software Systems)是指为了运行、管理和维护计算机系统所编制的各种程序的总和。软件一般分为系统软件和应用软件;计算机软件系统组成如图 2-1 所示。软件是计算机的"灵魂",只有硬件而没有软件的计算机是无法工作的。

计算机软件系统 { 系统软件 { 操作系统(DOS、Windows 等)、故障诊断检查系统、数据库、编译软件
机器语言、汇编语言、高级程序设计语言(VB、VC etc)等
应用软件 { 文字处理软件、企业管理软件、事务处理程序、打字软件、教育学习软件、
财务软件、游戏软件等

图 2-1　计算机软件系统组成

系统软件是指控制和协调计算机及其外部设备,支持应用软件开发和运行,无须用户干预的各种程序的集合。其主要功能是调度、监控和维护计算机系统,负责管理计算机系统中各种独立的硬件,使得它们可以协调工作。系统软件让计算机使用者和其他软件将计算机当作一个整体而不需要顾及底层每个硬件是如何工作的。系统软件通常由计算机的设计者或专门的软件公司提供,包括操作系统、计算机的监控管理程序、程序设计语言编译器等。其中,操作系统是最基本的软件。

应用软件是由软件公司,利用各种系统软件、程序设计语言编制的,用来解决用户各种实际问题的程序,如计算机辅助制造、计算机辅助设计、计算机教学、企业管理、数据库管理系统、字处理软件、桌面排版系统等。

2.1.2　BIOS 和 UEFI

1. BIOS

BIOS 是 Basic Input Output System 的缩写,即基本输入输出系统,它是一组固化到计算机内主板上一个 ROM 芯片上的程序,它保存着计算机最重要的基本输入输出的程序、开机后自检程序和系统自启动程序,可从中读写系统设置的具体信息。

(1) BIOS 芯片简介

BIOS 程序储存在 BIOS 芯片中,互补金属氧化物半导体(CMOS, Complementary Metel-OxIDE Semiconductor)是主板上的一块可读写的并行或串行 FLASH 芯片,是用来保存 BIOS 的配置和用户对某些参数的设定。因此,BIOS 设置有时也被叫做 CMOS 设置。在主板上,BIOS 芯片一般在 CMOS 电池及南桥附近,或者是 I/O 附近,BIOS 芯片上面一般印有"BIOS"标识,如图 2-2 所示。有的主板上有两个 BIOS 芯片,当主 BIOS 损坏时,主板会通过另一个备份 BIOS 来启动计算机,有的主板将 BIOS 芯片集成在南桥芯片之中。

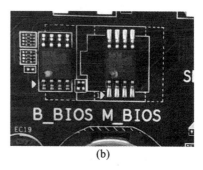

(a)　　　　　　　　　　　　　　　(b)

图 2-2　BIOS 芯片实例

BIOS 芯片类型有 ROM、EPROM、EEPROM 和 NORFlash 等芯片类型。在计算机发展初期,BIOS 都存放在 ROM 只读存储器中。ROM 内部的数据只能读不能写,用户若发现数据有任何错误,则只有舍弃不用。可擦除可编程(EPROM,Erasable Programmable ROM)芯片可重复擦除和写入。EPROM 芯片的数据擦除需用 EPROM 擦除器,数据写入需专用的编程器。电可擦除可编程(EEPROM,Electrically Erasable Programmable ROM),通过跳线开关和系统配带的驱动程序盘,可以对 EEPROM 进行重写,方便地实现 BIOS 升级,克服了 EPROM 不方便操作的缺点。现在计算机主板都使用 NORFlash 来作为 BIOS 的存储芯片。NORFlash 芯片容量更大,具有写入功能,运行计算机通过软件的方式进行 BIOS 的更新,无须额外的硬件支持,且写入速度快。

(2) BIOS 功能

BIOS 功能主要有自检及初始化、程序服务处理和硬件中断处理等,下面分别介绍。

自检及初始化,这部分负责启动计算机,具体有三个方面:一、用于计算机刚接通电源时对硬件部分的检测,也叫做加电自检,检查计算机是否良好。通常完整的自检包括对 CPU、640 K 基本内存、1 M 以上的扩展内存、ROM、主板、CMOS 存储器、串并口、显示卡、软硬盘子系统及键盘进行测试,一旦在自检中发现问题,系统将给出提示信息或鸣笛警告。自检中如发现有错误,对于严重故障(致命性故障)则停机,此时由于各种初始化操作还没完成,不能给出任何提示或信号;对于非严重故障则给出提示或声音报警信号,以等待用户处理。二、初始化,包括创建中断向量、设置寄存器、对一些外部设备进行初始化和检测等。其中很重要的一部分是 BIOS 设置的参数,主要是对硬件设置的一些参数,当计算机启动时会读取这些参数,并和实际硬件设置进行比较,如果不符合,会影响系统的启动。三、引导程序,引导 DOS 或其他操作系统。BIOS 先从启动盘或硬盘的开始扇区读取引导记录,若没有找到,则会在显示器上显示没有引导设备,若找到引导记录会把计算机的控制权转给引导记录,由引导记录把操作系统装入计算机,在计算机启动成功后,BIOS 的这部分任务就完成了。

程序服务处理,这部分主要是为应用程序和操作系统服务,这些服务主要与输入输出设备有关,例如读磁盘、文件输出到打印机等。为了完成这些操作,BIOS 必须直接与计算机的 I/O 设备打交道,它通过端口发出命令,向各种外部设备传送数据以及从它们那里接收数据,使程序能够脱离具体的硬件操作。

硬件中断处理,这部分处理 PC 机硬件的需求。BIOS 的服务功能是通过调用中断服务程序来实现的,这些服务分为很多组,每组有一个专门的中断。例如视频服务,中断号为 10H;屏幕打印,中断号为 05H;磁盘及串行口服务,中断 14H 等。每一组又根据具体功能细分为不同的服务号。应用程序需要使用哪些外设、进行什么操作只需要在程序中用相应的指令说明即可,无须直接控制。

程序服务处理和硬件中断处理虽然是两个独立的内容,但在使用上密切相关。这两部分分别为软件和硬件服务,组合到一起,使计算机系统正常运行。

2. UEFI

UEFI 是 Unified Extensible Firmware Interface 的缩写,即统一的可扩展固件接口,这种接口用于操作系统自动从预启动的操作环境,加载到一种操作系统上。BIOS 是一种"固件",负责在开机时做硬件启动和检测等工作,并且担任操作系统控制硬件时的中介角色。随着硬件迅速发展,BIOS 将被 UEFI 替代。

(1) UEFI 结构

UEFI 使用模块化设计,它在逻辑上可分为硬件控制和 OS 软件管理两部分:操作系统—可扩展固件接口—固件—硬件。UEFI 分为 UEFI 实体(UEFI Image)和平台初始化框架。

UEFI 实体包含 UEFI Applications、OS Loaders 和 UEFI Drivers 三种。UEFI Applications 是硬件初始化之后、操作系统启动之前的核心应用,如启动管理、BIOS 设置、UEFI Shell、诊断程式、调度和供应程式、调试应用等。OS Loaders 是特殊的 UEFI Application,主要功能是启动操作系统并退出和关闭 UEFI 应用。UEFI Drivers 是提供设备间接口协议,每个设备独立运行提供设备版本号和相应的参数以及设备间关联,不再需要基于操作系统的支持。

平台初始化框架主要包含两部分,一是 EFI 预初始化(PEI,Pre-Efi Initialization),另一部分是驱动执行环境(DXE,Driver Execution Environment)。PEI 主要是用来检测启动模式、加载主存储器初始化模块、检测和加载驱动执行环境核心。DXE 是设备初始化的主要环节,它提供了设备驱动和协议接口环境界面。

(2) UEFI 特点

UEFI 与 BIOS 相比具有纠错特性、兼容性、鼠标操作、可扩展性和图形界面等特点。

纠错特性。UEFI 是用模块化、C 语言风格的参数堆栈传递方式、动态链接的形式构建系统,它比 BIOS 更易于实现,容错和纠错特性也更强,从而缩短了系统研发的时间。它运行于 32 位或 64 位模式,突破了传统 16 位代码的寻址能力,达到处理器的最大寻址。

兼容性。UEFI 体系的驱动并不是由直接运行在 CPU 上的代码组成的,而是用 EFI 字节代码(EFI Byte Code)编写成的。EFI Byte Code 是一组用于 UEFI 驱动的虚拟机器指令,必须在 UEFI 驱动运行环境下被解释运行,由此保证了充分的向下兼容性。

鼠标操作。UEFI 内置图形驱动功能,可以提供一个高分辨率的彩色图形环境,用户进入后能用鼠标点击调整配置。

可扩展性。UEFI 使用模块化设计,它在逻辑上分为硬件控制与操作系统软件管理

两部分,硬件控制为所有 UEFI 版本所共有,而操作系统软件管理其实是一个可编程的
开放接口。UEFI 还提供了强大的联网功能,其他用户可以对主机进行可靠的远程故障
诊断,而不需要进入操作系统。

图形界面。目前 UEFI 主要由这几部分构成:UEFI 初始化模块、UEFI 驱动执行环
境、UEFI 驱动程序、兼容性支持模块、UEFI 高层应用和 GPT 磁盘分区组成。

2.1.3　磁盘分区和格式化

工厂生产的硬盘(磁盘)必须经过低级格式化、分区和高级格式化三个处理步骤,然
后才能使用磁盘保存各种信息。其中磁盘的低级格式化通常由生产厂家完成,目的是划
定磁盘可供使用的扇区和磁道并标记有问题的扇区;而用户则需要使用磁盘分区和格式
化工具(操作系统自带或专门软件)如 Format(DOS 命令)、DiskGenius 等程序对磁盘进
行"分区"和"格式化"。

1. 磁盘分区

磁盘分区就是对磁盘的物理存储进行逻辑划分,将大容量磁盘分成多个大小不同的
逻辑区间。分区从实质上说就是对磁盘的一种格式化。当我们创建分区时,就已经设置
好了磁盘的各项物理参数,指定了磁盘主引导记录和引导记录备份的存放位置。而对于
文件系统以及其他操作系统管理磁盘所需要的信息则是通过之后的高级格式化来实现。

(1)磁盘分区的原因

一、如果不进行磁盘分区,系统在默认情况下只有一个分区(C 盘),在管理和维护系
统时会很不方便。如当系统需要还原时,整个 C 盘也就是系统盘都被格式化掉,如果数
据等资料都存在系统盘里就会全部丢失。

二、系统盘装了太多其他非系统软件会拖慢系统运行速度。

三、不同类型的数据资料装相应的盘,分门别类,这样管理、使用都很方便。

四、磁盘分区之后,簇的大小也会变小。簇越小,保存信息的效率就越高。如 FAT16
文件分配表,对 1 GB 的磁盘若只分一个区,簇的大小是 32 KB,也就是说,即使一个文件
只有 1 字节长,存储时也要占 32 KB 的磁盘空间,剩余的空间便全部闲置在那里,这样就
导致了磁盘空间的极大浪费。

(2)磁盘分区的类型

磁盘分区之后,会形成非 DOS 分区、主分区和扩展分区三种类型的分区状态。

非 DOS 分区(Non-DOS Partition)是一种特殊的分区形式,它是将磁盘中的一块区
域单独划分出来供另一个操作系统使用,对主分区的操作系统来讲,是一块被划分出去
的存储空间。只有非 DOS 分区的操作系统才能管理和使用这块存储区域。

主分区通常位于磁盘的最前面一块区域中,构成逻辑 C 磁盘。其中的主引导程序是
它的一部分,此段程序主要用于检测磁盘分区的正确性,并确定活动分区,负责把引导权
移交给活动分区的 DOS 或其他操作系统。此段程序损坏将无法从磁盘引导,但从 U 盘
启动盘、光驱引导之后可对磁盘进行读写。主分区包含操作系统启动时所必需的文件和
数据的磁盘分区,所以又称引导分区,主引导区的分区表保留了 64 个字节的存储空间,

而每个分区的参数占 16 个字节,故主引导扇区中可以存储 4 个分区的数据。操作系统只允许存储 4 个分区的数据,如果说逻辑磁盘就是分区,则系统最多只允许 4 个逻辑磁盘。对于具体的应用,4 个逻辑磁盘往往不能满足实际需求。为了建立更多的逻辑磁盘供操作系统使用,系统引入了扩展分区的概念。

扩展分区严格地讲它不是一个实际意义上的分区,它仅仅是一个指向下一个分区的指针,这种指针结构将形成一个单向链表。这样在主引导扇区中除了主分区外,仅需要存储一个被称为扩展分区的分区数据,通过这个扩展分区的数据可以找到下一个分区(实际上也就是下一个逻辑磁盘)的起始位置,以此起始位置类推可以找到所有的分区。无论系统中建立多少个逻辑磁盘,在主引导扇区中通过一个扩展分区的参数就可以逐个找到每一个逻辑磁盘。需要特别注意的是,由于主分区之后的各个分区是通过一种单向链表的结构来实现链接的,因此,若单向链表发生问题,将导致逻辑磁盘的丢失。DOS 的分区命令 FDISK 允许用户创建一个扩展分区,并且在扩展分区内再建立最多 23 个逻辑分区,其中的每个分区都单独分配一个盘符,可以被计算机作为独立的物理设备使用。关于逻辑分区的信息都被保存在扩展分区内,而主分区和扩展分区的信息被保存在磁盘的主引导扇区内。这就是说无论磁盘有多少个分区,其主引导记录中只包含主分区(也就是启动分区)和扩展分区最多 4 个分区的信息。

(3) 磁盘分区格式

磁盘分区格式也就是文件系统格式。文件系统格式是操作系统用于明确磁盘或分区上文件的方法和数据结构,不同的分区格式采用不同的文件管理机制来存储和读取文件数据,而不同的操作系统则需要不同的文件系统格式的支持。常用的磁盘分区格式主要有 FAT(包括 FAT16 和 FAT32)、NTFS(New Technology File System)等。

FAT 文件系统是为小磁盘及简单的目录结构而设计的文件系统,其文件系统组织方法通过文件分配表 FAT 完成,它被放在磁盘的分区引导扇区后面,紧接着是它的一份备份保障安全,在文件分配表后面是根文件夹,根文件夹之后为其他文件和文件夹,包含了分区根目录下所有文件和文件夹的入口;即数据结构为分区引导扇区→FAT 表→FAT 表的备份→根文件夹→其他文件和文件夹。

文件或文件夹的存放并没有什么规律,每个文件完全占用一个至多个簇,如果某个簇不是该文件的最后一个簇,则应包含下一个簇的位置信息,否则会有结束簇的标志。文件的名称和起始簇则记录在前面的文件分配表中,通过此表中某个文件起始簇的位置找到起始簇,而文件的其余簇则是依此形成一条链带,FAT 就是依靠这种链式存取及文件分配表来管理整个磁盘分区的。

FAT16 格式采用 16 位的文件分配表,能支持的最大分区为 2 GB。由于 16 位分配表最多能管理 65 536(2^{16})个磁盘簇,也就是所规定的一个磁盘分区,而每个磁盘簇的存储空间最大只有 32 KB,所以在使用 FAT16 管理磁盘时,每个分区的最大存储容量只有 2 048 MB(65 536×32KB),也就是 2 GB。FAT16 分区格式最大的缺点是磁盘的实际利用效率低。因为 FAT16 支持的分区越大,磁盘上每个簇的容量也越大,造成的浪费也越大,所以随着磁盘的容量增大,这种缺点变得越来越突出。使用 FAT16 的操作系统为 MS-DOS 6.x 及以下版本。

　　FAT32 格式采用 32 位的文件分配表,使其对磁盘的管理能力大大增强,突破了 FAT16 对每一个分区的容量只有 2 GB 的限制,运用 FAT32 的分区格式后,用户可以将一个大磁盘定义成一个分区,而不必分成几个分区使用,大大方便了对磁盘的管理工作。支持这一磁盘分区格式的操作系统有 Windows 97/98/2000/XP/Vista/7/8/10 等。

　　FAT32 与 FAT16 相比,主要特点:一、FAT32 可以支持的磁盘大小达到 2 TB,但是不能支持小于 512 MB 的分区。基于 FAT32 的 Windows 2000 可以支持分区最大为 32 GB;而基于 FAT16 的 Windows 2000 支持的分区最大 2 GB。二、由于采用了更小的簇,可以更高效地使用磁盘空间。FAT32 使用较小的簇(对于大小在 8 GB 以内的驱动器,使用 4 KB 的簇),如两个分区大小都为 2 GB,一个分区采用了 FAT16 文件系统,另一个分区采用了 FAT32 文件系统,采用 FAT16 的分区的簇大小为 32 KB,而 FAT32 分区的簇只有 4 KB 的大小。这样 FAT32 就比 FAT16 磁盘空间的使用率提高 10%~15%。三、系统更稳定可靠。FAT32 可以重新定位根文件夹,而且它使用文件分配表的备份副本,而不是使用默认副本。此外,FAT32 驱动器上的引导记录也得到扩展,包括了关键数据结构的备份副本。因此,与 FAT16 驱动器相比,FAT32 驱动器不容易受单点故障的影响。四、系统更灵活。FAT32 驱动器上的根文件夹是普通的簇链,因此它可以位于驱动器上的任何位置。对根文件夹数量的限制不复存在。此外,可以禁用文件分配表映像,这样就可以让文件分配表的副本而不是让第一个文件分配表处于活动状态。这些功能允许我们动态重调 FAT32 分区的大小。

　　FAT32 与 FAT16 相比,其缺点是:一、采用 FAT32 格式分区的磁盘,由于文件分配表的扩大,运行速度比采用 FAT16 格式分区的磁盘要慢;二、由于 DOS 系统和某些早期的应用软件不支持这种分区格式,所以采用这种分区格式后,就无法再使用老的 DOS 操作系统和某些旧的应用软件了;三、FAT32 的单个文件不能超过 4 GB。

　　NTFS 文件系统,是一种新兴的磁盘格式。NTFS 将整个磁盘分区上每件事物都看作一个文件,而文件的相关事物又视为一个属性(如数据属性),也是一个文件,将分区格式化为 NTFS 后,文件名属性等甚至描述文件系统本身的信息(元数据)就会生成若干不可见的 NTFS 系统文件以及一个特殊文件主文件表 MFT(Master File Table)。与 FAT 相比 MFT 相当于小型数据库文件。NTFS 就这样依靠主文件表的详细记录来管理整个磁盘分区。数据结构为分区引导扇区→MFT 表→系统文件→文件区域。支持这一磁盘分区格式的操作系统有 Windows 2000/XP/Vista/7/8/10 等。

　　NTFS 具有的特点:一、NTFS 可以支持的分区(如果采用动态磁盘则称为卷)大小可以达到 2 TB。而 Windows 2000 中的 FAT32 支持分区的大小最大为 32 GB。NTFS 单个文件可以超过 4 GB,而 FAT32 不支持大于 4 GB 的单个文件。当磁盘空间不够大、并发操作量也远不够多时,NTFS 与 FAT 的单个文件操作速度差异往往仅在毫秒之间。小型数据库的索引方式对硬件有较高的硬件要求,而且对于较小的分区上存放较多小文件的情况而言,这种检索方式可能反而没有 FAT 快。二、NTFS 是一个可恢复的文件系统。在 NTFS 分区上用户很少需要运行磁盘修复程序。NTFS 通过使用标准的事务处理日志和恢复技术来保证分区的一致性。发生系统失败事件时,NTFS 使用日志文件和检查点信息自动恢复文件系统的一致性。三、NTFS 支持对分区、文件夹和文件的压缩。

任何基于 Windows 的应用程序对 NTFS 分区上的压缩文件进行读写时不需要事先由其他程序进行解压缩,当对文件进行读取时,文件将自动进行解压缩;文件关闭或保存时会自动对文件进行压缩。四、NTFS 采用了更小的簇,可以更有效率地管理磁盘空间,最大限度地避免了磁盘空间的浪费。五、文件安全性更好。在 NTFS 分区上,可以为共享资源、文件夹以及文件加密、设置访问许可权限。与 FAT32 文件系统下对文件夹或文件进行访问相比,安全性要高得多。六、在 Windows 2000 的 NTFS 文件系统下可以进行磁盘配额管理。磁盘配额就是管理员可以为用户所能使用的磁盘空间进行配额限制,每一用户只能使用最大配额范围内的磁盘空间。磁盘配额管理功能的提供,使得管理员可以方便合理地为用户分配存储资源,避免由于磁盘空间使用的失控可能造成的系统崩溃,提高了系统的安全性。

2. 磁盘格式化

在对磁盘的分区和格式化处理步骤中,建立分区和逻辑盘是对磁盘进行格式化处理的必然条件,用户可以根据物理磁盘容量和自己的需要建立主分区、扩展分区和逻辑盘符后,再通过格式化处理来为磁盘分别建立引导区(BOOT)、文件分配表(FAT)和数据存储区(DATA),只有经过以上处理之后,磁盘才能在计算机中正常使用。

磁盘格式化有低级格式化和高级格式化。低级格式化也称物理格式化。磁盘必须进行低级格式化,才能进行高级格式化。如果没有特别指明,对磁盘的格式化通常是指高级格式化。

（1）低级格式化

低级格式化就是将磁盘划分出柱面和磁道,再将磁道划分为若干个扇区,每个扇区又划分出标识部分、间隔区和数据区、设置交叉因子等。低级格式化是高级格式化之前的一项工作,能在 DOS、Windows NT、Linux 系统下完成,也可在自写的汇编指令下进行。低级格式化只能针对一块磁盘而不能支持单独的某一个分区。每块磁盘在出厂时,已由磁盘生产商进行低级格式化,因此通常使用者无须再进行低级格式化操作。实际使用时不到万不得已不要使用低级格式化。低级格式化对磁盘有损伤,如果磁盘已有物理坏道,则低级格式化会更加损伤磁盘,加快报废。低级格式化的时间漫长,如 320 G 磁盘低级格式化可能需要 20 小时或更久。

一般当磁盘出现某种类型的坏道时进行低级格式化,能对坏道起到一定的缓解或者屏蔽作用。当大量的病毒侵入到磁盘的某一扇区时进行低级格式化,有的病毒文件系统采用了前后缀加密的编码方法,高级格式化很难清除病毒。

常见磁盘低级格式化工具有 Lformat、DM(Hard Disk Management Program)及磁盘厂商们推出的各种磁盘工具等。

（2）高级格式化

高级格式化又称逻辑格式化,包括对主引导记录中分区表相应区域的重写、根据用户选定的文件系统(如 FAT16、FAT32、NTFS)在分区中划出一片用于存放文件分配表、目录表等用于文件管理的磁盘空间,以便用户使用该分区管理文件。

高级格式化的主要工作是:清除数据(写删除标记);检查扇区;重新初始化引导信

息;初始化分区表信息;标注逻辑坏道等。一般我们重装系统时都属于高级格式化,因为 MBR(Main Boot Record)不重写,所以有存在病毒的可能。

　　高级格式化的特点:一、可以在 DOS 和操作系统上进行,只能对分区操作。高级格式化只是存储数据,但如果存在坏扇区可能会导致长时间磁盘读写。二、DOS 下可能有分区识别问题。使用 Format 命令格式化不会自动修复逻辑坏道,如果发现有坏道,最好使用 SCANDISK 或 Windows 系统的磁盘检查功能,或其他第三方软件进行修复或隐藏,逻辑坏道可以通过磁盘检查或低级格式化解决,这取决于是扇区的哪个部分出现了错误。

　　我们通常使用的格式化为快速格式化,属于高级格式化。快速格式化就是只从分区文件分配表中做删除标记,而不扫描磁盘以检查是否有坏扇区。两者区别是,当运行低级格式化命令时,会在当前分区的文件分配表中将分区上的每一个扇区标记为空闲可用,同时系统将扫描磁盘以检查是否有坏扇区,扫描过程中会为每一个扇区打上可用标记。扫描坏扇区的工作占据了格式化磁盘分区的大部分时间。而快速格式化仅仅是清掉文件分配表,使系统认为盘上没有文件了,并不真正格式化全部磁盘,快速格式化后可以通过工具恢复磁盘数据,快速格式化的速度要快得多就是这个原因。低级格式化程序会将磁盘上的所有磁道扫描一遍,可以检测出磁盘上的坏道,速度会慢一些。一般来说,可以选择快速格式化,速度快一点。如果你怀疑磁盘有坏道,可以试用低级格式化。相反地,低级格式化所做的是将磁盘上的每一个扇区用"00"覆盖,这将完全地破坏磁盘上的所有数据,不再有恢复的可能。另外,部分 Linux 系统没有快速格式化命令。

2.1.4　操作系统

　　操作系统(OS,Operating System)是方便用户、管理和控制计算机软硬件资源的系统软件(或程序集合)。从用户角度看,操作系统可以看成是对计算机硬件的扩充;从人机交互方式来看,操作系统是用户与机器的接口;从计算机的系统结构看,操作系统是一种层次、模块结构的程序集合,属于有序分层法,是无序模块的有序层次调用。可见,操作系统是计算机系统的核心与基石,是直接运行在裸机上的最基本的系统软件,任何其他软件都必须在操作系统的支持下才能运行。

1. 操作系统的分类

　　目前计算机上常见的操作系统有 DOS、OS/2、Unix、XENIX、Linux、Windows、NetWare 等。所有的操作系统具有并发性、共享性、虚拟性和不确定性四个基本特征。操作系统大致可分为以下六种类型。

　　简单操作系统是计算机初期所配置的操作系统,如 IBM 公司的磁盘操作系统 DOS/360 和微型计算机的操作系统 CP/M 等。这类操作系统的功能主要是操作命令的执行、文件服务、支持高级程序设计语言编译程序和控制外部设备等。

　　分时系统,它支持位于不同终端的多个用户同时使用一台计算机,彼此独立、互不干扰,用户感觉好像一台计算机全为他所用。

实时操作系统是为实时计算机系统配置的操作系统。其主要特点是,资源的分配和调度首先要考虑实时性然后才是效率。此外,实时操作系统应有较强的容错能力。

网络操作系统是为计算机网络配置的操作系统。在其支持下,网络中的各台计算机能互相通信和共享资源。其主要特点是与网络的硬件相结合来完成网络的通信任务。

分布操作系统是为分布计算系统配置的操作系统。它在资源管理、通信控制和操作系统的结构等方面都与其他操作系统有较大的区别。由于分布计算机系统的资源分布于系统的不同计算机上,操作系统对用户的资源需求不能像一般的操作系统那样等待有资源时直接分配的简单做法,而是要在系统的各台计算机上搜索,找到所需资源后才可进行分配。对于有些资源,如具有多个副本的文件,还必须考虑一致性。所谓一致性是指若干个用户对同一个文件所同时读出的数据是一致的。为了保证一致性,操作系统须控制文件的读、写、操作,使得多个用户可同时读一个文件,而任一时刻最多只能有一个用户在修改文件。

智能系统是指能产生人类智能行为的计算机系统。智能系统不仅可自组织性与自适应性地在传统的诺依曼结构的计算机上运行,而且也可自组织性与自适应性地在新一代的非诺依曼结构的计算机上运行。

2. Windows 操作系统

Windows 是由微软公司开发的操作系统,是一个多任务的操作系统,它采用图形窗口界面,用户对计算机的各种复杂操作只需通过点击鼠标就可以实现。它问世于 1985年,起初仅仅是 Microsoft-DOS 模拟环境,随着计算机硬件和软件的不断升级,微软的Windows 也在不断升级,从架构的 16 位、32 位再到 64 位,系统版本从最初的 Windows1.0 到 Windows 95、Windows 98、Windows ME、Windows 2000、Windows 2003、Windows XP、Windows Vista、Windows 7、Windows 8、Windows 8.1、Windows 10 和Windows Server 服务器企业级操作系统等,不断持续更新、完善。

Windows 操作系统有以下优点:

一、界面图形化。以前 DOS 的字符界面使得一些用户操作起来十分困难。Mac OS首先采用了图形界面和使用鼠标,这就使得人们不必学习太多的操作系统知识,只要会使用鼠标就能进行操作。这就是界面图形化的好处。而在 Windows 中的操作简单明了,所有的功能都摆在你眼前,只要移动鼠标,单击、双击即可完成。

二、多用户、多任务。Windows 系统可以使多个用户用同一台计算机而不会互相影响。Windows 9X 在此方面做得不够好,多用户设置形同虚设,根本起不到作用。Windows 2000 在此方面就做得比较完善,管理员可以添加、删除用户,并设置用户的权利范围。多任务是现在许多操作系统都具备的,这意味着可以同时让计算机执行不同的任务,并且互不干扰。比如一边听歌一边写文章,同时打开数个浏览器窗口进行浏览等都是利用了这一点。这对现在的用户是必不可少的。

三、网络支持好。Windows 9X 及以后版本中内置了 TCP/IP 协议和拨号上网软件,用户只需进行一些简单的设置就能上网浏览、收发电子邮件等。同时它对局域网的支持也很出色,用户可以很方便地在 Windows 中实现资源共享。

四、出色的多媒体功能。在 Windows 中可以进行音频、视频的编辑/播放工作,可以支持高级的显卡、声卡使其声色俱佳。MP3 以及 ASF、SWF 等格式的出现使计算机在多媒体方面更加出色,用户可以轻松地播放最流行的音乐或观看影片。

五、硬件支持好。Windows 95 以后的版本都支持即插即用技术,这使得新硬件的安装更加简单。用户将相应的硬件和计算机连接好后,只要有其驱动程序 Windows 就能自动识别并进行安装。用户再也不必像在 DOS 一样去改写 Config.sys 文件了,并且有时候需要手动解决中断冲突。几乎所有的硬件设备都有 Windows 下的驱动程序。随着 Windows 的不断升级,它能支持的硬件和相关技术也在不断增加,如 USB 设备、AGP 技术等。

六、众多的应用程序。在 Windows 下有很多的应用程序,可以满足用户各方面的需求。Windows 下有数种编程软件支持软件开发。此外,Windows NT、Windows 2000 等系统还支持多处理器,能大幅度地提升系统性能。

3. Windows 操作系统的安全设置

Windows 操作系统的漏洞众多,安全隐患也很多,为了操作系统的安全我们需要进行适当的设置和调整。下面介绍常见的主要的安全设置。

升级 Windows。如,对于使用 Windows XP 的用户来说,升级到 Windows 7 操作系统可以将安全性提高,Windows 7 里有很多 Windows XP 所没有的安全机制,可以有效地保证操作系统的安全运行。

更新操作系统补丁。Windows 操作系统具有检测更新和安装更新的功能,我们只要将 Windows Update 设置为自动检查更新,就可以自动下载系统已知漏洞的修补程序并安装。系统会在后台下载,完成后通知你下载完成并询问是否开始安装,用起来十分方便。

用户帐户控制。为了方便提升安全防范级别,Windows 7 系统特意为用户提供了用户帐户控制功能控制滚动条,用户只需要简单地拖动鼠标,就能在操作效率与系统安全之间找到平衡了。在调整用户帐户控制安全级别时,我们可以在系统控制面板窗口中单击"用户帐户"图标选项,进入用户帐户控制列表界面,单击其中的"更改用户帐户控制设置"按钮,将控制按钮移动到"始终通知"位置处,单击"确定"按钮保存好上述设置操作,这样一来 Windows 7 系统的安全防范级别就会得到明显提升,那么该系统受到的安全威胁自然就会大大下降。

防火墙和杀毒软件。防火墙是一种位于内部网络与外部网络之间的网络安全系统,是一项信息安全的防护系统,依照特定的规则,允许或是限制传输的数据通过。防火墙可以保护用户的系统,把网络上有害的东西挡在门外。Windows 自带防火墙软件,在系统控制面板窗口中单击打开"Windows 防火墙",可以进行防火墙设置,在高级设置中,还可以更进一步地配置。杀毒软件是用于消除计算机病毒和恶意软件等计算机威胁的一类软件。杀毒软件通常集成监控识别、病毒扫描与清除、软件自动升级等功能,有的杀毒软件还带有数据恢复等功能,是计算机防御系统的重要组成部分。杀毒软件可以防止病毒、间谍软件和其他恶意软件入侵。因此,选择一款合适的杀毒软件是必要的、重要的。

数据备份。为了避免突发性病毒带来灾难性损失,我们需要及时对重要数据进行备份,遇到系统崩溃时只需进行简单的数据恢复操作就能化解安全威胁。Windows 系统为用户提供了强大的数据备份还原功能,我们可以在控制面板中,打开备份和还原管理窗口,选中重要数据信息所在的磁盘分区选项,进行备份。日后一旦系统发生瘫痪不能正常运行时,我们只需简单地重新安装操作系统,之后执行系统还原功能就可将备份好的重要数据恢复。

2.1.5　数据恢复

电子数据恢复是指通过技术手段,将保存在台式机硬盘、笔记本硬盘、服务器硬盘、移动硬盘、U 盘、数码存储卡、Mp3 等等设备上丢失的电子数据进行抢救和恢复的技术。

1. 数据存储及恢复的原理

（1）基本原理

数据保存到有存储介质的盘片上时,会在盘片上做凸凹不平标记而记录数据,而在删除文件时,并没有把所有的凸凹不平的标记抹掉,而是把文件的地址给抹去,让操作系统找不到这个文件,认为它已经消失,而且可以在这个地方写数据,把原来的凸凹不平的数据信息给覆盖掉。所以,数据恢复的原理是,如果数据没被覆盖,我们就可以用软件,突破操作系统的寻址和编址方式,重新找到那些没被覆盖的地方的数据并组成一个文件。如果几个小地方被覆盖,可以用差错效验位来纠正;如果覆盖太多,那么就没办法恢复了。

（2）分区

硬盘存放数据的基本单位为扇区,就好像一本书的一页。硬盘使用前必须分区,不管使用何种分区工具,都会在硬盘的第一个扇区标注上硬盘的分区数量、每个分区的大小,起始位置等信息,即主引导记录,也称为分区信息表。当主引导记录因为各种原因（硬盘坏道、病毒、误操作等）被破坏后,一些或全部分区自然就会丢失不见了,根据数据信息特征,我们可以重新推算计算分区大小及位置,手工标注到分区信息表,把"丢失"的分区找回来。

（3）文件分配表

为了管理文件存储,硬盘分区完毕后,接下来的工作是格式化分区。格式化程序根据分区大小,合理地将分区划分为目录文件分配区和数据区,就像一本书的前几页为章节目录,后面才是真正的内容。文件分配表内记录着每一个文件的属性、大小、在数据区的位置。我们对所有文件的操作,都是根据文件分配表来进行的。文件分配表遭到破坏以后,系统无法定位到文件,虽然每个文件的真实内容还存放在数据区,系统仍然会认为文件已经不存在。因此,丢失的数据可以通过一些方法恢复回来。

（4）删除

我们向硬盘里存放文件时，首先系统会在文件分配表内写上文件名称、大小，并根据数据区的空闲空间在文件分配表上继续写上文件内容在数据区的起始位置。然后，系统开始向数据区写上文件的真实内容，一个文件存放操作才算完毕。删除操作却很简单，当我们需要删除一个文件时，系统只是在文件分配表内在该文件前面写一个删除标志，表示该文件已被删除，它所占用的空间已被释放，其他文件可以使用它占用的空间。所以，当我们删除文件又想找回它（数据恢复）时，只需用工具将删除标志去掉，数据就被恢复回来了。当然，前提是没有新的文件写入，该文件所占用的空间没有被新内容覆盖。

（5）格式化

格式化操作和删除相似，都只操作文件分配表，不过格式化是将所有文件都加上删除标志，或干脆将文件分配表清空，系统认为硬盘分区上不存在任何内容。格式化操作并没有对数据区做任何操作，目录空了，内容还在，借助数据恢复知识和相应工具，数据仍然能够被恢复回来。

注意，格式化并非 100% 能恢复，有时磁盘打不开，需格式化才能打开。如果数据重要，千万别尝试格式化后再恢复，因为格式化本身就是对磁盘写入的过程，只会破坏数据信息。

（6）覆盖

因为磁盘的存储特性，数据删除时系统只是在文件上写一个删除标志，而低级格式化是在磁盘上重新覆盖写一遍以数字 0 为内容的数据，这就是覆盖。

一个文件被标记上删除标志后，它所占用的空间在有新文件写入时，将有可能被新文件覆盖写上新内容。这时删除的文件名虽然还在，但它指向数据区的空间内容已经被覆盖改变，恢复出来的将是错误、异常的内容。同样文件分配表内有删除标记的文件信息所占用的空间也有可能被新文件名文件信息占用覆盖，文件名也将不存在了。当将一个分区格式化后，又拷贝上新内容，新数据只是覆盖掉分区前部分空间，去掉新内容占用的空间，该分区剩余空间数据区上无序内容仍然有可能被重新组织，将数据恢复出来。同理，克隆、一键恢复、系统还原等造成的数据丢失，只要新数据占用空间小于破坏前空间容量，数据恢复工程师就有可能恢复你要的分区和数据。

2. 数据恢复的方法

（1）硬盘硬件故障导致数据丢失的恢复

硬盘硬件故障占所有数据意外故障一半以上，常有雷击、高压、高温等造成的电路故障，高温、振动碰撞等造成的机械故障，高温、振动碰撞、存储介质老化造成的物理坏磁道扇区故障，当然还有意外丢失损坏的固件 BIOS 信息等。

常见的故障现象有：CMOS 不认盘；常有一种"咔嚓咔嚓"的磁头撞击声；电机不转，通电后无任何声音；磁头错位造成读写数据错误；启动困难、经常死机、格式化失败、读写困难；自检正常，但"磁盘管理"中无法找到该硬盘；电路板有明显的烧痕等。

常见的硬件损坏有:磁头烧坏、磁头老化、磁头芯片损坏、电机损坏、磁头偏移、零磁道坏、大量坏扇区、盘片划伤、磁组变形等盘体故障;电路板损坏、芯片烧坏、断针断线等电路板故障。

硬件故障的数据恢复当然是先诊断,再对症下药;先修复相应的硬件故障,然后修复其他软件故障,最终将数据成功恢复。

电路故障需要我们有电路基础,需要深入了解硬盘详细工作原理流程。机械磁头故障需要 100 级以上的洁净工作台(是一种提供局部无尘、无菌工作环境的空气净化设备)或工作间来进行诊断、修复工作。另外还需要一些软硬件维修工具配合来修复固件区等故障类型。

(2) 硬盘软件故障导致数据丢失的恢复

硬盘软件故障有:系统故障,包括系统不能正常启动、密码或权限丢失、分区表丢失、BOOT 区丢失、MBR 丢失;文件丢失,包括误操作、误格式化、误克隆、误删除、误分区、病毒破坏、黑客攻击、磁盘分区管理工具操作失败、RAID 磁盘阵列失效等;文件损坏,包括损坏的 Office 系列 Word、Excel、Access、PowerPoint 文件,Microsoft SQL 数据库、Oracle 数据库文件、Foxbase/foxpro 的 dbf 数据库文件,损坏的邮件 Outlook Express dbx 文件,Outlook pst 文件,MPEG、asf、RM 等媒体文件。

硬盘软件故障的数据恢复是使用数据恢复软件进行数据恢复。数据恢复软件很多,功能各异,可以根据需要选用合适的数据恢复软件。

(3) 移动存储器数据的恢复

在移动盘等数据介质损坏或出现电路板故障、磁头偏移、盘片划伤等情况下,采用开体更换、加载、定位等方法进行数据修复。

数码相机内存卡、SD 卡、CF 卡、记忆棒、U 盘,甚至 SSD 固态硬盘。由于没有盘体,没有盘片,存储的数据是 FLASH 芯片。如果出现硬件故障,需要匹配对应的主控芯片,而主控芯片在买来备件后需要拆开后才能知道,如果主控芯片不能配对,数据仍然无法恢复。即使碰巧配上主控型号,也不代表一定可以读出数据,因此恢复的成本和代价非常之高。一般的数据恢复公司碰上此类介质,成功率非常低,基本上会选择放弃。但是,对于恢复 FLASH 类的介质,已经新出一种数据恢复技术,可以不需要配对主控芯片,通过一种特殊的硬件设备,直接读取 FLASH 芯片里的代码,然后配上特殊的算法和软件,通过人工组合,直接重组出 FLASH 数据。这种恢复方法和原理,成功率接近 100%。但是受制于此类设备的昂贵,同时对数据恢复技术要求很高,工程师不但要精通硬件和软件,更要精通文件系统,因此目前全国只有极个别的数据恢复公司可以做到恢复成功率接近 100%,有些公司花了很高代价采购此设备后,由于工程师技术所限,不会使用,同样无法恢复。虽然从技术上解决了 FLASH 恢复的难题,但是对客户而言,此类恢复的成本非常之高,比硬盘的硬件故障恢复价格要高很多。

(4) 磁盘阵列(RAID)数据恢复

磁盘阵列恢复过程是先排除硬件及软件故障,然后分析阵列顺序、块大小等参数,用阵列卡或阵列软件重组或者是使用 DiskGenius 虚拟重组,重组后便可按常规方法恢复数据。

2.2　实验操作

2.2.1　BIOS 参数的设置

1. 进入 BIOS 界面

开启计算机后立即反复按 F1 或者 Delete 进入 BIOS 界面（不同型号的计算机进入 BIOS 方法略有不同,联想机型按 F1,惠普机型按 F10,大多数机型按 Delete,一般计算机启动后界面有提示）。不同型号的计算机 BIOS 界面略有不同,BIOS 参数项大同小异,图 2-3 为一款机型 BIOS 界面实例。

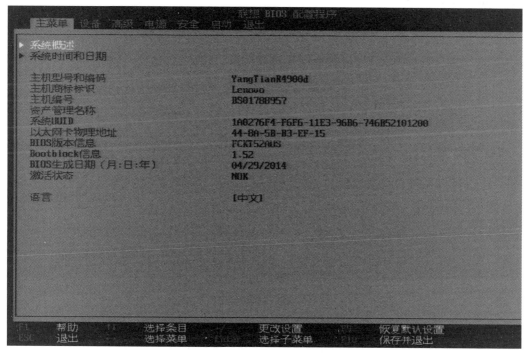

图 2-3　BIOS 界面实例

2. 设置 BIOS 参数

（1）查看 BIOS 菜单,熟悉各菜单项内容,暂不要修改各参数

查看系统信息,包括 CPU 类型、型号、频率、核心数量等参数,硬盘型号、容量,主机型号、编码、MAC(Media Access Control Address)地址,BIOS 版本,系统时间等。

查看设备设置,包括串行端口设置、USB 设置、ATA 设置、显示菜单设置、板载音频卡设置、板载网卡设置、PCI 扩展槽设置等。

查看 CPU 高级设置,包括 EIST 支持、Intel(R)HT 技术支持、多核心处理功能、Intel(R)Virtualization 技术、C1E 支持、C State 支持等。

查看电源管理设置,包括电源恢复后状态、增强的省电模式、唤醒配置菜单等设置。

查看安全设置,包括管理员密码、开机密码等。查看启动设置,包括主要启动顺序、自动启动顺序、出错启动顺序。

注意:BIOS 设置不当会直接损坏计算机的硬件,甚至烧毁主板,因此不熟悉者需慎重修改其设置。

(2) 根据实际需要修改、设置 BIOS 参数

我们可以根据具体实际情况,进行相关 BIOS 参数的设置,而不必对出厂设置的每一个 BIOS 参数都进行修改。

本实验需要修改、设置的参数有:启动顺序需设置第一启动为 U 盘,第二启动为光驱,第三启动为硬盘,网卡启动放在硬盘启动之后,如图 2-4 所示。参数设置好后,保存并退出 BIOS 即可。

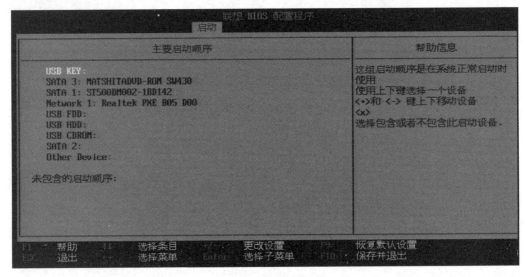

图 2-4　BIOS 设置

3. BIOS 恢复出厂设置的方法

方法一,将主板上的纽扣电池拆下,拆下之后保持 15 秒以上,或使用万用表笔将电池座上的正负极短路数秒之后再安装上去,这样就可以清除 BIOS 信息,然后恢复出厂设置了。有的主板上还配置有"硬跳线",一般主板电池旁有三脚针,脚针上有跳线帽,取下跳线帽将另两引脚短接一下,再将跳线帽还原,这样也可实现消除 BIOS 信息,如图 2-5 所示。

图 2-5　BIOS 信息清除跳线

如果在 BIOS 中设置了开机口令,而又忘记了这个口令,那么用户将无法进入计算机系统。清除口令,也可采用此方法一。

方法二,在开机后进入 BIOS 程序界面。按照 BIOS 界面提示按恢复默认设置键(如联想机型为 F9,惠普机型为 F7),或者在菜单中选中恢复默认设置项,保存并退出。

2.2.2　计算机软件系统的安装

1. 操作系统的安装——以 Windows 7 操作系统安装为例

Windows 7 操作系统的安装方法有光盘安装、U 盘安装、硬盘安装三种方法,我们可以根据实际情况,选用其中的一种方法把 Windows 7 操作系统安装到我们的计算机上。光盘安装需要有系统安装光盘,安装时间比 U 盘安装和硬盘安装的时间都要长,一般需要大约 60 分钟;U 盘安装需要有 U 盘启动盘和映像文件,系统安装时间和硬盘安装时间一样比较短,一般 20 分钟左右;硬盘安装需要计算机进入原来已安装的操作系统,还需要硬盘安装器和相应格式的映像文件,不需要 DOS 启动光盘或 U 盘启动盘,不用设置BIOS,直接在 Windows 操作系统下完成操作系统安装,系统安装时将自动覆盖原系统盘。下面分别介绍这三种系统安装方法。

(1) 光盘安装操作系统

① 开启计算机,进入 BIOS 参数设置,设置计算机启动顺序为光盘启动在硬盘启动之前,例如设置启动顺序为:U 盘—光盘—硬盘等。

将 Windows 7 系统光盘放入计算机光驱中,然后,保存并退出 BIOS 设置。计算机自动重启进入系统安装界面。

② 在 Windows 7 系统安装界面,选择好安装语言、时间和货币格式、键盘和输入方法,然后单击"下一步",进入安装对话框界面。

③ 在系统安装界面,单击"现在安装",进入许可条款对话框,选择接受许可条款;进入选择安装类型对话框,选择"自定义高级",初次安装选自定义安装,若系统已安装好且需要升级,则可选择升级。

④ 在安装路径对话框,若要对硬盘分区进行更改,可单击"驱动器选项(高级)",如图2-6 所示。

若要删除某一分区,则选择该分区,再单击"删除",就可删除该分区;若要重新分区,选择磁盘,再单击"新建",根据需要将磁盘重新分区;重新分区后,选择分区再单击"格式化",对选中的分区进行格式化,如图 2-7 所示。

⑤ 分区和格式化完成后选择安装位置为主分区(即系统盘 C 盘),单击"下一步"。若在第③步中选择升级,则自动跳过第④ 步。若已在 C 盘上安装了一个系统,且安装位置又选了其他盘符,安装后计算机就变成双系统了。

⑥ 系统自动安装运行,在安装过程中,会显示正在进行的安装内容和完成任务进度条。这一阶段会自动重启几次,重启后继续安装。系统安装完成后,计算机会自动重启。

⑦ 计算机重启后,需要对 Windows 系统进行设置。设置 Windows 项目有用户名、计算机名称、帐户密码、Windows 产品密匙、系统更新设置、时间和日期等。单击"下一

步",计算机自动完成 Windows 设置。

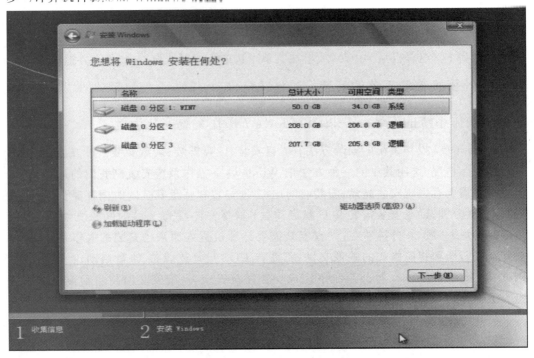

图 2-6　Windows 7 操作系统安装

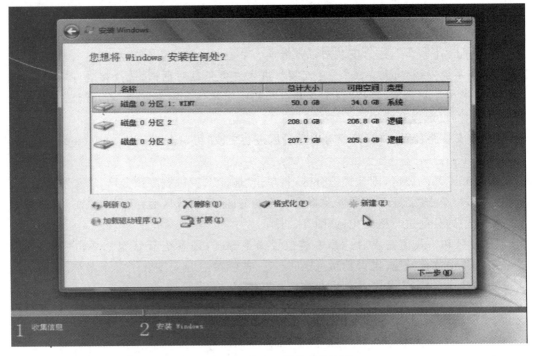

图 2-7　Windows 7 操作系统安装

Windows 操作系统安装好后,计算机的有些硬件如网卡等驱动尚未安装,可通过点击控制面板→设备管理查看,或者右击桌面计算机图标→单击管理→设备管理查看,驱动未安装的硬件其图标上有"!",如图 2-8 所示。这些硬件需要安装相应的驱动程序后才能使用。

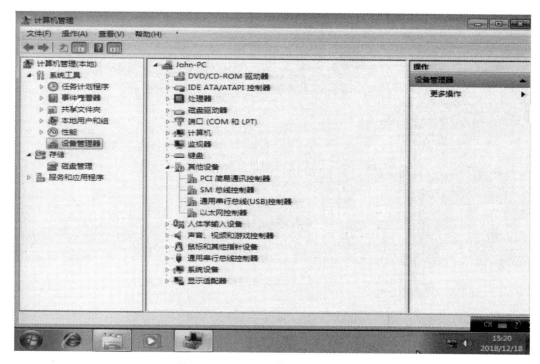

图 2-8　Windows 7 操作系统安装完成

另外,为了操作系统能够正常使用,还需要将计算机接入网络,利用操作系统软件商提供的系统激活码,对操作系统进行激活。

(2) U 盘安装操作系统(参看 2.2.3 Ghost 工具的使用)

① 开启计算机,进入 BIOS 参数设置,设置计算机启动顺序为 U 盘启动在硬盘启动之前,如启动顺序为:U 盘—光盘—硬盘等。将含有 Windows 7 系统映像文件的 U 盘系统盘插入计算机 USB 接口中,然后保存并退出 BIOS 设置。

计算机自动重启进入 U 盘启动菜单选项界面。在 U 盘启动菜单界面选择 Windows PE 系统,如图 2-9 所示;回车后系统载入 Windows PE 桌面。

② 在 Windows PE 系统桌面单击磁盘分区和格式化工具 DiskGenius,根据需要将磁盘分 3~4 个区,并对分区进行格式化。如图 2-10 所示。

③ 在 Windows PE 系统桌面单击一键装机工具,再找到 U 盘系统盘(或其他盘)上的 Windows 7 系统映像文件,然后确定,计算机会将 Windows 7 系统映像文件复制到安装位置。映像文件复制完成后,单击重启计算机,拔出 U 盘系统盘(若未及时拔出,可以在 U 盘启动菜单界面选择从本地硬盘启动计算机),计算机将自动完成 Windows 7 系统安装。

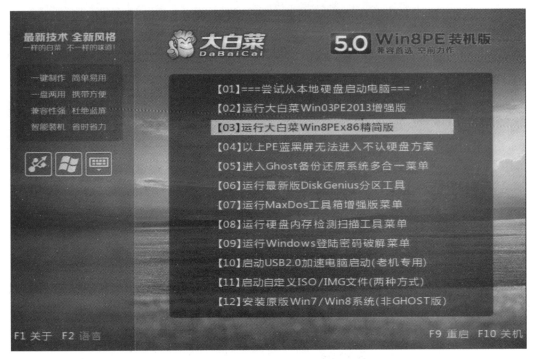

图 2-9　U 盘安装操作系统

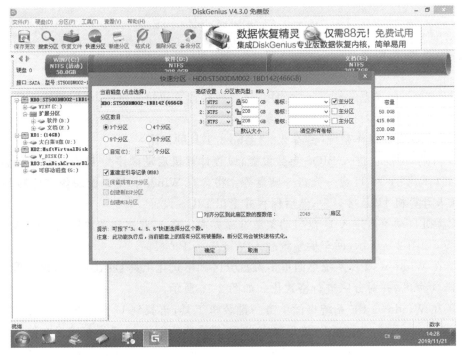

图 2-10　U 盘安装操作系统

或者,在 Windows PE 系统桌面双击 Ghost 手动工具,进行手动安装。

④ 系统安装完成后,安装计算机相关硬件的驱动程序。若映像文件包括了相关硬件的驱动,则这一步可以省去。

(3) 硬盘安装操作系统

① 开启计算机,进入计算机原来已安装的系统盘(C 盘)操作系统。

② 将硬盘安装器工具和 Windows 7 系统映像文件(如 Ghost 安装器和 Windows 7 系统 GHO 文件)复制到非系统盘(如 D 磁盘)

③ 运行硬盘安装器,找到映像文件,单击"执行",计算机开始复制映像文件到系统安装盘(C 盘),复制完成后,计算机自动重启继续完成系统安装,如图 2-11 所示。

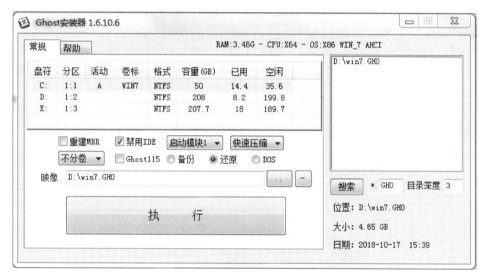

图 2-11　硬盘安装操作系统

2. 应用软件的安装

计算机应用软件很多,可以根据自己的需要安装相关的应用软件。一般安装软件时先要找到安装程序如 Setup.exe。下面以 Microsoft Office 2007 为例介绍常用软件的安装。

(1) 打开 Microsoft Office 2007 软件,找到 Setup.exe 文件,双击运行该应用程序。

(2) 输入产品密匙→选择接受协议条款→选择自定义安装→选择安装选项,软件安装位置(一般为 C 盘),设置用户信息→单击立即安装。

(3) 一般应用软件安装完成后,需要重启计算机才能正常运行,有的则不需要。根据实际情况确定是否重启计算机。

3. 操作系统安全设置

Windows 7 系统有很多安全设置工具,打开"控制面板",点击相关的安全设置项,就可进入设置。下面介绍主要的常用的安全设置。

(1) 操作中心

操作中心检查计算机中多个与安全和维护相关的项,这些项可帮助指示计算机的总体性能。当受监视项的状态发生更改(如防病毒软件过期)时,操作中心将在任务栏上的通知区域中发布一条消息来通知你,操作中心中受监视项的状态颜色也会改变以反映该消息的严重性,并且还会建议应采取的操作。

更改操作中心的检查项的步骤:打开控制面板,单击"系统和安全"。在系统和安全界面单击"操作中心",然后在左边选项单击"更改操作中心设置",选中某个复选框可使操作中心检查相应项是否存在更改或问题,清除复选框可停止检查该项,设置选定后单击"确定",如图 2-12 所示。

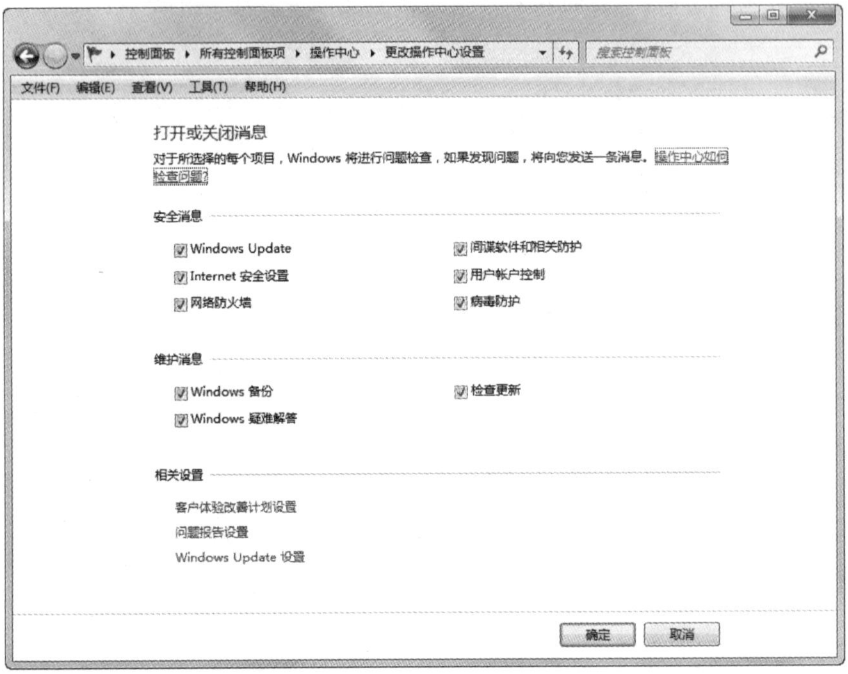

图 2-12　操作中心设置

如果你喜欢自己跟踪某项(如使用 Windows 以外的备份程序,或者手动备份文件),并且不希望看到有关其状态的通知,则可以关闭该项的通知。在"更改操作中心设置"页上清除某项的复选框后,便不会收到任何消息,并且也不会在操作中心看到该项的状态。建议检查所有列出项的状态,因为其中很多项的状态都有助于向你发出安全问题警告。但是,如果决定关闭某项的消息,仍可以随时再次打开其消息。在"更改操作中心设置"页上,选中该项的复选框,然后单击"确定"。或者,在主页上单击该项旁边的相应"打开消息"链接。

(2) 用户帐户

用户帐户是通知用户能访问哪些文件和文件夹,可以对计算机和个人首选项(如桌面背景或屏幕保护程序)进行哪些更改的信息集合。通过用户帐户,可以在拥有自己的文件和设置的情况下与多个人共享计算机。每个人都可以使用用户名和密码访问其用户帐户。

设置用户帐户之前需要先弄清楚 Windows 7 帐户类型。一般来说,Windows 7 的用户帐户有以下三种类型。

管理员帐户。计算机的管理员帐户拥有对全系统的控制权,能改变系统设置,可以安装和删除程序,能访问计算机上所有的文件,还拥有控制其他用户的权限。Windows 7 中至少要有一个计算机管理员帐户。

标准用户帐户。标准用户帐户是受到一定限制的帐户,在系统中可以创建多个此类帐户,也可以改变其帐户类型。该帐户可以访问已经安装在计算机上的程序,可以设置自己帐户的图片、密码等,但无权更改大多数计算机的设置。

来宾帐户。来宾帐户是给那些在计算机上没有用户帐户的人设置的一个帐户,它是一个临时帐户,主要用于远程登录的网上用户访问计算机系统。来宾帐户仅有最低的权限,没有密码,无法对系统做任何修改,只能查看计算机中的资料。

(3) Windows Update

系统漏洞会造成计算机中毒或被入侵,及时进行系统更新有助于防止问题或修复问题、改进计算机的工作方式。软件通知会定期通知关于新程序的情况,以便增强计算机和 Internet 体验。可以选择接收详细通知消息,了解何时可下载和安装新的程序。收到通知后,可查看通知内容,并获取详细信息。如果喜欢通知的内容,可以安装更新。通知将在一段有限的时间内显示,若不感兴趣可以关闭。可以打开或关闭软件通知。

操作步骤:打开"Windows Update"→在窗口左边,单击"更改设置"→选择更新方式自动更新;或下载更新,让我选择安装;或检查更新,让我选择下载和安装等→单击"确定"。

(4) 备份和还原

Windows 7 系统提供了很方便的系统备份和还原功能,如果我们碰到软硬件故障、意外删除、替换文件等等问题,有系统备份和还原就可以去除后顾之忧。从系统映像还原计算机时,将进行完整还原。不能选择个别项进行还原,所有程序、系统设置和文件都将被系统映像中的相应内容替换。

备份步骤:单击打开备份和还原→单击设置备份→选择备份映像文件存放位置,单击下一步→选择待备份的盘符→单击下一步,开始备份。若将空白光盘放入读/写光驱中,单击创建系统修复光盘,就可以创建系统修复光盘。

还原步骤:单击打开备份和还原→选择要还原文件的备份→选择还原位置→单击还原。

2.2.3 Ghost 工具的使用

通用硬件导向系统转移(Ghost,General Hardware Oriented System Transfer)是美国赛门铁克公司旗下的硬盘备份还原工具,该软件能够完整而快速地复制备份、还原整个硬盘或单一分区。

1. 熟悉 Ghost 工具

将 Ghost 工具软件复制到计算机非系统盘上(如 D 盘),运行 Ghost 工具。对照 Ghost 工具界面,如图 2-13 所示,了解 Ghost 工具菜单选项,熟悉备份与还原功能。

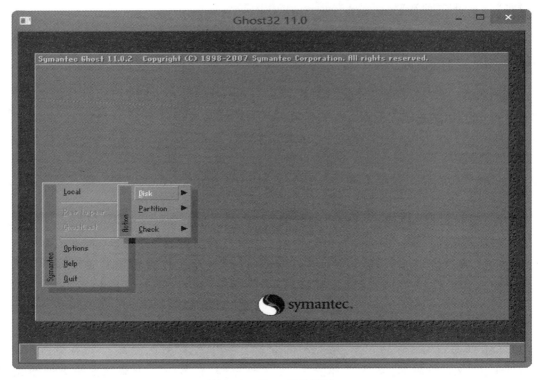

图 2-13　Ghost 工具界面

（1）菜单项简介

菜单 Local 项有 Disk、Partition、Check 三个子项。Disk 表示备份或还原整个硬盘；Partition 表示备份或还原硬盘的单个分区；Check 表示检查硬盘备份或还原的文件、查看是否可能因分区、硬盘被破坏等造成备份或还原失败。

菜单 Peer to peer（对等网络）项有 Slave 和 Master 两个子选项，分别用以连接主机和客户机，通过并口传送备份文件。在 Server 端运行 Multicast，可以自动向客户机传送映像文件（GHO 文件），一般在计算机机房里，计算机数量较多时使用。

菜单 GhostCast（网络克隆）项有 Multicast（组播）、Directed Broadcast（定向广播）和 Unicast（单播）。使用多播服务将硬盘或分区的映像克隆到客户机，这样就可以不拆机、安全、快速地进行网络硬盘克隆。

菜单 Options 项可对 Ghost 工具进行设置，Help 为工具帮助，Quit 为退出程序。

（2）备份与还原

① 分区备份和还原

分区备份方法是：选 Local→Partition→To Image 菜单，弹出硬盘选择窗口，选择源盘，选择源分区，如图 2-14 所示。在弹出的窗口中选择备份储存的目录路径（不能在源分区位置）并输入备份文件名称，注意备份文件的名称带有 GHO 的后缀名。

输入备份文件名后，接下来程序会询问是否压缩备份数据，并给出三个选择：No 表示不压缩，Fast 表示压缩比例小而执行备份速度较快，High 就是压缩比例高但执行备份

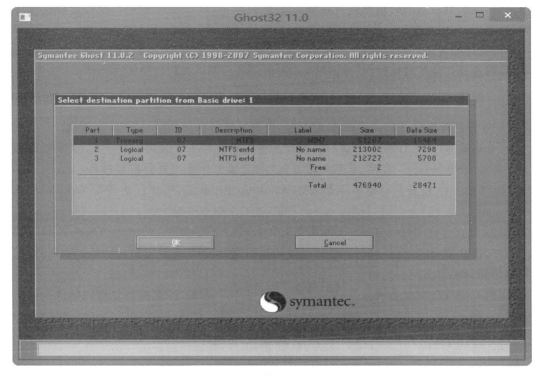

图 2-14　分区备份

速度相当慢。压缩率越高,制作出来的备份文件容量越小,但 Ghost 压缩的时间也就越长。一般选"High"高压缩,速度慢点,但可以省 50％硬盘空间。如果硬盘比较小的话用 High 高压缩,硬盘空间足够大选"No"不压缩。最后选择"Yes"按钮即开始进行分区硬盘的备份。

分区还原方法是:选择菜单 Local→Partition→From Image,在弹出窗口中选择还原的备份文件。然后,选择还原的目标硬盘和分区。如果硬盘中备份的分区数据受到损坏,用一般数据修复方法不能修复,以及系统被破坏后不能启动,都可以用事先备份的数据进行完全的复原而无须重新安装程序或系统。当然,也可以将备份还原到另一个硬盘上。

分区备份作为个人用户来保存系统数据,特别是在恢复和复制系统分区时非常实用。

② 硬盘备份和还原

硬盘备份(拷贝)方法:选择菜单 Local→Disk→To Disk,在弹出的窗口中选择源硬盘(第一个硬盘),然后选择要复制到的目标硬盘(第二个硬盘)。注意,可以设置目标硬盘各个分区的大小,Ghost 可以自动对目标硬盘按设定的分区数值进行分区和格式化。选择"Yes"开始执行。Ghost 能将目标硬盘复制得与源硬盘几乎完全一样,并实现分区、格式化、复制系统和文件一步完成。只是要注意目标硬盘不能太小,必须能将源硬盘的数据内容装下。

硬盘备份方法:选择菜单 Local→Disk→To Image,将整个硬盘的数据备份成一个映像文件,然后就可以随时还原到其他硬盘或源硬盘上,这对安装多个系统很方便。使用方法与分区备份相似。

硬盘还原方法:选择菜单 Local→Disk→From Image,在弹出窗口中选择还原的备份文件,再选择还原的目标硬盘,单击"Yes"按钮即可。使用方法与分区还原相似。

2. 利用 Ghost 工具,安装计算机软件系统(参看 2.2.2 节中的 U 盘安装系统)

(1) 开启计算机,进入 BIOS 参数设置,设置计算机启动顺序为 U 盘启动在硬盘启动之前,如启动顺序为:U 盘—光盘—硬盘等。将含有软件系统映像文件的 U 盘系统盘插入计算机 USB 接口中,然后,保存并退出 BIOS 设置。计算机自动重启进入 U 盘启动菜单选项界面。在 U 盘启动菜单界面选择 Windows PE 系统,系统自动进入 Windows PE 系统。

(2) 双击手动 Ghost 工具,选择菜单 Local→Partition→From Image,选择 U 盘上映像文件,选择源分区,选择目标分区(C 盘),Ghost 提示是否确定还原,选"Yes";Ghost 工具开始复制映像文件。

(3) Ghost 工具复制映像文件完成后,单击重启计算机,计算机自动完成软件系统的安装。

3. 利用 Ghost 工具,将计算机软件系统备份

(1) 确认待进行软件系统备份的计算机操作系统、应用软件已安装好。

(2) 将 Ghost 工具复制到计算机非系统盘,然后运行 Ghost 工具。

(3) 选择菜单 Local→Partition→To Image,选择作源文件的分区所在的驱动器,选"OK";选择源文件所在分区,就是系统盘(C 盘),选"OK";设置映像文件(GHO 文件)的名称及存放位置(不能选 C 盘),在 File Name 栏中输入名称,如 Windows 7.GHO,选"OK"。

(4) 选择是否压缩,最后选择"Yes"按钮即开始进行分区硬盘的备份。备份速度跟源盘已用空间的大小和计算机本身的速度有关。备份完成后,可以选择 Check→Image 校验一下 GHO 映像文件。

2.2.4　U 盘系统盘的制作

要把 U 盘制作成系统盘,首先必须把 U 盘制作成启动盘,然后再把软件系统的映像文件复制到该启动盘上。

1. 启动盘 U 盘制作

(1) 准备一个制作 U 盘启动盘的软件工具,如大白菜 U 盘启动盘制作工具。

(2) 在计算机上安装大白菜 U 盘启动盘制作工具。

(3) 运行大白菜 U 盘启动盘制作工具,将待制作的 U 盘插入计算机 USB 接口,软件会自动识别 U 盘,单击"制作 USB 启动盘",软件将开始制作。

(4) 待提示制作完成后,单击确定。单击模拟启动,可以查看 U 盘制作是否成功。

2. 制作 U 盘系统盘

（1）把 2.2.3 节利用 Ghost 工具所做的计算机软件系统映像文件（GHO 文件），复制到 U 盘启动盘，这时 U 盘就成为系统盘了。

（2）利用自己制作好的 U 盘系统盘，将同一型号的计算机安装为相同的软件系统，并查看计算机系统运行情况。

2.2.5　简单的数据恢复方法

当我们误删了硬盘或 U 盘上的数据，可以采用以下方法进行恢复。

首先，准备好一个数据恢复软件，如 Wise Data Recovery 绿色软件。

其次，将数据恢复软件复制到计算机非系统盘（非 C 盘）上，并运行软件。

然后，在左上角选择下拉框中选择待恢复的源盘（如 G 盘），单击"扫描"。扫描后，显示删除文件的信息，文件名前绿色标识表示文件可以恢复，红色则不能回复。在文件名选择框中选中待恢复的文件，单击"一键恢复"。选择待恢复文件的存储位置（不能选源盘），单击"确定"，如图 2-15 所示。

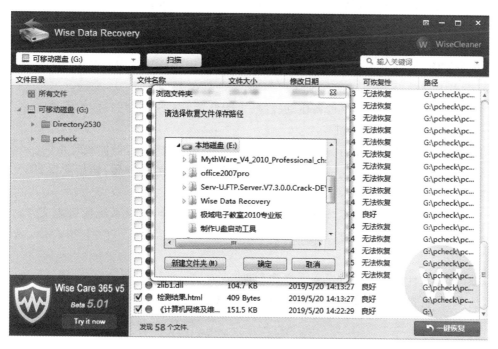

图 2-15　数据恢复

最后，在恢复文件保存的路径查看文件恢复情况。

2.2.6　计算机软件系统故障分析与处理

计算机软件故障主要是指操作系统或各种应用软件引起的计算机故障。软件故障一般是因为软件自身问题、系统配置不正确、系统工作环境改变或操作不当所产生的。

发生软件故障的主要原因有：系统设备的驱动程序安装不正确，造成设备无法使用或功能不全;系统中所使用的部分软件与硬件设备不能兼容;CMOS 参数设置不恰当;系统遭到病毒的破坏,无法正常运行;操作系统存在的垃圾文件过多,造成系统瘫痪。

软件故障的特点:一、具有可修复性,在大部分情况下,用户可以通过重新安装软件或使用软件修复排除故障。二、破坏性小,一般不会导致硬件损坏。三、具有随机性,很多软件故障没有规律可循,如误操作而导致的软件故障,可能下次正确操作时就消失了。

下面介绍计算机软件系统常见的故障现象、造成故障原因以及解决方法,在实践操作中或实际应用中可对照下面描述进行分析与处理。

1. 系统死机

(1) 开机过程中死机

故障现象:计算机开机时就死机。

故障原因:排除硬件故障的情况下,BIOS 设置不当;CPU 超频;系统文件丢失或损坏。

解决方法:正确设置 BIOS;恢复 CPU 频率;恢复文件系统。

(2) 关机过程中死机

故障现象:计算机关机时死机。

故障原因:加载了不兼容的或有冲突的设备驱动程序;BIOS 中的高级电源管理设置错误,退出 Windows 时系统文件损坏。

解决方法:卸载或重装该设备驱动程序;重新设置 BIOS;强制关机,然后重启。

(3) 启动操作系统时死机

故障现象:计算机启动后,进入自检程序,然后加载操作系统,但加载时死机。

故障原因:系统文件丢失或损坏;感染了病毒;非正常关机导致;初始化文件丢失或损坏;磁盘有坏道。

解决方法:复制丢失的系统文件;安全模式下查杀病毒;恢复系统注册表文件;用系统盘还原被损坏的文件;修复磁盘坏道。

(4) 运行过程中死机

故障现象:计算机在运行过程中突然死机。

故障原因:排除硬件突然损坏的情况下,其他可能原因有感染了病毒;电压不稳;启动程序太多。

解决方法:用杀毒软件杀毒;配置稳压器;关闭暂时不用的程序。

2. 蓝屏

故障现象:计算机启动蓝屏,或运行过程中蓝屏。

故障原因:排除硬件故障的情况下,其他可能原因有感染病毒;某种错误;非正常关机。

解决方法:使用杀毒软件杀毒;查询蓝屏提示的出错代码,进行相应的处理;计算机重启后恢复到最后一次正确配置,即重启后按 F8 键,恢复最后一次正确配置修复注册表。

3. 计算机病毒

故障现象:文件变大或变小,数据破坏;可执行文件被更改;程序、数据丢失;上网速度变慢,系统资源被占,造成网络阻塞、系统瘫痪;内存、磁盘空间变小,计算机运行速度严重变慢;系统软件或硬件毁坏,异常死机、出错,无法正常运行。

故障原因:计算机感染病毒导致故障。

解决方法:一般情况下进行查杀病毒,升级杀毒软件到最新版,进行全盘杀毒,清除不了的病毒进行隔离到安全模式下查杀。若无法重启计算机,或病毒难以清除,则重新安装计算机软件系统。

思　考　题

1. 计算机软件系统主要由哪些软件组成?

2. 何为 BIOS? BIOS 有哪些主要的功能? 如何设置 BIOS 参数? 如何恢复 BIOS 出厂设置?

3. 何为磁盘分区? 要进行磁盘分区的原因有哪些? 磁盘分区后有哪几种分区状态? 何为磁盘格式化? 磁盘格式化种类及其特点如何?

4. 何为磁盘分区格式? 常用的磁盘分区格式种类及其特点如何?

5. 何为操作系统? 操作系统的功能有哪些?

6. 数据存储与恢复的基本原理是什么? 如何防止数据丢失? 在什么情况下,U 盘数据能恢复?

7. 如何利用光盘安装操作系统?

8. 如何制作 U 盘系统启动盘? 如何利用 Ghost 工具备份系统? 如何利用 U 盘安装操作系统?

9. 计算机软件系统故障的主要原因有哪些?

10. 某办公室一台计算机开机后,蓝屏不能进入系统,分析出至少 5 种故障原因及其处理方法。

第 3 章 局域网的组建

【学习导航】

局域网的组建
- 基础知识
  - 计算机网络简介
  - 局域网
  - 局域网常用硬件器材
  - 局域网组建方案设计
- 实验操作
  - 网线 RJ-45 连接器的制作与检测
  - Windows 环境下 TCP/IP 协议安装、设置和测试
  - 无线/有线路由器的使用
  - 交换机的使用
  - 光纤收/发器的使用
  - 简单局域网的组建

【学习目标】

1. 认知目标

(1) 掌握计算机网络的基本概念。

(2) 了解网络通信协议、局域网的构成、拓扑结构。

2. 技能目标

(1) 学会制作网线、检测网线的方法。

(2) 学会对计算机网络参数设置、路由器设置,掌握交换机、光纤收/发器、光纤模块的使用方法。

(3) 掌握局域网组建方案设计方法,设计并组建由路由器、交换机、光纤收/发器、光纤模块、计算机组成的不同结构的局域网。

【实验环境】

1. 实验工具

网线钳一把,剪刀一把,网线测试仪一台,光纤笔一支。

2. 实验设备

计算机两台以上,D-Link 无线/有线宽带路由器一台,华为 S1700 交换机两台,光纤收/发器两台,光纤模块两块,智能手机一部。

3. 实验材料

超五类双绞线数米,RJ-45 连接器(水晶头)若干,SC 卡接式方型光纤跳线若干。

3.1　基础知识

3.1.1　计算机网络简介

1. 什么是计算机网络？

计算机网络是指将地理位置不同的具有独立功能的多台计算机及其外部设备,通过通信线路连接起来,在网络操作系统、网络管理软件及网络通信协议的管理和协调下,实现资源共享和信息传递的计算机系统。

计算机网络主要由网络硬件系统和网络软件系统组成。其中网络硬件系统主要包括:网络服务器、网络工作站、网络适配器、传输介质等;网络软件系统主要包括:网络操作系统软件、网络通信协议、网络工具软件、网络应用软件等。

计算机网络的主要功能包括数据通信、资源共享和分布式处理等。其中数据通信是计算机网络最基本的功能,即实现不同地理位置的计算机与终端、计算机与计算机之间的数据传输;资源共享是建立计算机网络的目的,它包括网络中软件、硬件和数据资源的共享,这也是计算机网络最主要和最有吸引力的功能。

自从 20 世纪 90 年代以后,以因特网(Internet)为代表的计算机网络得到了飞速的发展,已从最初的教育科研网络逐步发展成为商业网络。Internet 正在改变着我们工作和生活的各个方面,它给我们带来了巨大的好的便利,并加速了全球信息革命的进程。现在人们的生活、工作、学习和交往都已离不开 Internet 了。

2. 计算机网络体系结构

计算机网络体系结构,即在世界范围内统一协议,制定软件标准和硬件标准,并将计算机网络及其部件所应完成的功能精确定义,从而使不同的计算机能够在相同功能中进行信息对接。计算机网络体系结构可以从网络体系结构、网络组织、网络配置三个方面来描述,网络体系结构是从功能上来描述计算机网络结构,网络组织是从网络的物理结构和网络的实现两方面来描述计算机网络,网络配置是从网络应用方面来描述计算机网络的布局,由硬件、软件和通信线路来描述计算机网络。

计算机网络由多个互连的结点组成,结点之间要不断地交换数据和控制信息,要做到有条不紊地交换数据,每个结点就必须遵守一整套合理而严谨的结构化管理体系,计算机网络就是按照高度结构化设计方法采用功能分层原理来实现的,以上也就是计算机网络体系结构的内容。网络协议是计算机网络必不可少的,一个完整的计算机网络需要有一套复杂的协议集合,组织复杂的计算机网络协议的最好方式就是层次模型。因此,计算机网络层次模型和各层协议的集合也定义为计算机网络体系结构。

计算机网络体系结构有两种参考模式:OSI(Open System Interconnection)模型和TCP/IP(Transmission Control Protocol/Internet Protocol)模型。OSI 模型是 1978 年国际标准化组织(ISO,International Standards Organization)定义的,是一个开放协议标准,从而使网络设备厂商遵照共同的标准来开发网络产品,最终实现彼此兼容。OSI 模型将计算机网络通信协议分为七层,从下往上分别是:物理层、数据链路层、网络层、传输层、会话层、表示层和应用层,每一层都为上一层提供服务。TCP/IP 模型是一个抽象的分层模型,包括:网络接口层、网络层、传输层和应用层。Internet 网络体系结构以 TCP/IP 为核心,TCP/IP 是一组用于实现网络互连的通信协议。

3. 计算机网络的分类

（1）按网络的覆盖范围与规模分有局域网、城域网和广域网

局域网（LAN,Local Area Network）是指在某一区域内由多台计算机互联而成的计算机组,一般是方圆几千米以内。局域网可以实现文件管理、应用软件共享、打印机共享、工作组内的日程安排、电子邮件和传真通信服务等功能。局域网是封闭型的,可以由办公室内的两台计算机组成,也可以由一个公司内的上千台计算机组成。

城域网（MAN,Metropolitan Area Network）是在一个城市范围内所建立的计算机通信网,属宽带局域网。由于采用具有有源交换元件的局域网技术,网中传输时延较小,它的传输媒介主要采用光缆,传输速率在 100 Mbit/s 以上。MAN 的一个重要用途是用作骨干网,通过它将位于同一城市内不同地点的主机、数据库以及 LAN 等互相联接起来,这与广域网的作用有相似之处,但两者在实现方法与性能上有很大差别。

广域网（WAN,Wide Area Network）也称远程网,覆盖范围从几十公里到几千公里,连接多个城市或国家,或横跨几个洲并能提供远距离通信,形成国际性的远程网络。广域网覆盖的范围比 LAN 和 MAN 都要大,Internet 是世界范围内最大的广域网。

（2）按传输介质划分为有线网和无线网

有线网是采用同轴电缆、双绞线和光纤来连接的计算机网络。同轴电缆网是常见的一种连网方式,它比较经济,安装较为便利,传输率和抗干扰能力一般,传输距离较短。双绞线网是目前最常见的连网方式。光纤被用作长距离传输。

无线网是采用无线通信技术实现的网络。无线网络既包括允许用户建立远距离无线连接的全球语音和数据网络,也包括近距离无线连接的红外线技术及射频技术。与有线网络的用途十分类似,最大的不同是传输媒介利用无线电技术取代线缆,与有线网络互为备份。

（3）按数据交换方式分有电路交换网、报文交换网和分组交换网

电路交换是指按照需求建立连接并允许专用这些连接直至它们被释放这样一个过程。电路交换网络包含一条物理路径,并支持网络连接过程中两个终点间的单连接方式。

报文交换是一种信息传递的方式。它不要求在两个通信结点之间建立专用通路。结点把要发送的信息组织成一个数据包即报文,该报文中含有目标结点的地址,完整的报文在网络中一站一站地向前传送。

分组交换是一种存储转发的交换方式,它将用户的报文划分成一定长度的分组,以分组为存储转发。它比电路交换的利用率高,比报文交换的时延要小,具有实时通信的能力。

（4）按通信方式分有广播式网络和点到点式网络

广播式网络是在网络中只有一个单一的通信信道,由这个网络中所有的主机所共

享。即多个计算机连接到一条通信线路上的不同分支点上,任意一个节点所发出的报文分组被其他所有节点接收。发送的分组中有一个地址域,指明了该分组的目标接收者和源地址。

由许多互相连接的节点构成,在每对机器之间都有一条专用的通信信道,当一台计算机发送数据分组后,它会根据目的地址,经过一系列的中间设备的转发,直至到达目的结点,这种传输技术称为点到点传输技术,采用这种技术的网络称为点到点式网络。

(5) 按服务方式分有客户机/服务器模式、浏览器/服务器模式和对等网

客户机/服务器模式又称 C/S 或 Client/Server,是软件系统体系结构,通过将任务合理分配到 Client 端和 Server 端,降低了系统的通信开销,需要安装客户端才可进行管理操作。服务器负责数据的管理,客户机负责完成与用户的交互任务。

浏览器/服务器模式又称 B/S 或 Browser/Server,是 C/S 结构的变化或改进,用户完全通过 WWW 浏览器实现,客户端基本上没有专门的应用程序,应用程序基本上都在服务器端。

对等网又称 P2P 或 Peer to Peer,采用分散管理的方式,网络中的每台计算机既作为客户机又可作为服务器来工作,每个用户都管理自己机器上的资源,通常由几台计算机组成。

4. 网络协议

网络协议是网络上所有设备(网络服务器、计算机及交换机、路由器、防火墙等)之间通信规则的集合,它规定了通信时信息必须采用的格式和这些格式的意义。大多数网络都采用分层的体系结构,每一层都建立在它的下层之上,向它的上一层提供一定的服务,而把如何实现这一服务的细节对上一层加以屏蔽。一台设备上的第 n 层与另一台设备上的第 n 层进行通信的规则就是第 n 层协议。在网络的各层中存在着许多协议,接收方和发送方同层的协议必须一致,否则一方将无法识别另一方发出的信息。网络协议使网络上各种设备能够相互交换信息。常用的协议有 TCP/IP、NetBEUI、IPX/SPX 等。

(1) TCP/IP

TCP/IP 是 Transmission Control Protocol/Internet Protocol 的缩写,即传输控制协议/因特网互联协议,又名网络通信协议,是 Internet 最基本的协议、Internet 国际互联网络的基础,由网络层的 IP 协议和传输层的 TCP 协议组成。TCP/IP 定义了电子设备如何连入 Internet,以及数据如何在它们之间传输的标准。协议采用了 4 层结构即网络访问层、互联网层、传输层和应用层,每一层都呼叫它的下一层所提供的协议来完成自己的需求。

TCP 是面向连接的、可靠的、基于字节流的传输层通信协议。在 Internet 协议族中,TCP 层是位于 IP 层之上、应用层之下的中间层。应用层向 TCP 层发送用于网间传输的、有 8 位字节表示的数据流,然后 TCP 把数据流分成适当长度的报文段(通常受该计算机连接的网络的数据链路层的最大传输单元的限制)。之后 TCP 把结果包传给 IP 层,由它来通过网络将包传送给接收端实体的 TCP 层。TCP 为了保证不发生丢包,给每个包一个序号,序号保证了传送到接收端实体的包的按序接收。接收端实体对已成功收到

的包发回一个相应的确认,如果发送端实体在合理的往返时延内未收到确认,那么对应的数据包就被认为已丢失并将被重传。TCP 用一个校验和函数来检验数据是否有错误,在发送和接收时都要计算校验和。

IP 协议是由软件、程序组成的协议软件,它把各种不同帧统一转换成网络协议数据包格式,使所有计算机都能在 Internet 上实现互通。因为网络互联设备,如以太网、分组交换网等,它们所传送数据的基本单元(帧)的格式不同,它们相互间不能直接互通。

用户数据报协议(UDP,User Datagram Protocol)与 TCP 协议一样用于处理数据包,是一种无连接的协议。UDP 有不提供数据包分组、组装和不能对数据包进行排序的缺点,因此,当报文发送之后无法得知其是否安全完整到达目的地。UDP 用来支持需要在计算机之间传输数据的网络,包括网络视频会议系统在内的众多的客户机/服务器模式的网络应用都需要使用 UDP 协议。UDP 协议与 TCP 协议一样直接位于 IP 协议的顶层。根据 OSI 参考模型,UDP 和 TCP 都属于传输层协议。UDP 协议的主要作用是将网络数据流量压缩成数据包的形式。一个典型的数据包就是一个二进制数据的传输单位。每一个数据包的前 8 个字节用来包含报头信息,剩余字节则用来包含具体的传输数据。

互联网控制报文协议(ICMP,Internet Control Message Protocol)是 TCP/IP 协议族的一个子协议,属于网络层协议,是面向无连接的协议,主要用于计算机与路由器之间传递控制信息,包括报告错误、交换受限控制和状态信息等。当遇到 IP 数据无法访问目标、IP 路由器无法按当前的传输速率转发数据包等情况时,会自动发送 ICMP 消息。发送的出错报文会返回到发送原数据的设备,因为只有发送设备才是出错报文的逻辑接收者。发送设备随后可根据 ICMP 报文确定发生错误的类型,并确定如何才能更好地重发失败的数据包。但是 ICMP 唯一的功能是报告问题而不是纠正错误,纠正错误的任务由发送方完成。网络命令如 Ping、Tracert 就基于 ICMP 协议的。

随着计算机网络技术的发展,原来物理上的接口(如键盘、鼠标、网卡、显示卡等输入/输出接口)已不能满足网络通信的要求,TCP/IP 协议集成到操作系统的内核中,这就相当于在操作系统中引入了一种新的输入/输出接口技术。在 TCP/IP 协议中引入了"Socket(套接字)"应用程序接口,有了这种接口技术,一台计算机就可以通过软件的方式与任何一台具有 Socket 接口的计算机进行通信。

数据包是分组交换的一种形式,是把所传送的数据分段打成包,再传送出去。但是,与传统的连接型分组交换不同,它属于无连接型,是把打成的每个包(分组)都作为一个独立的报文传送出去,所以叫做数据包。每个数据包都有报头和报文这两个部分,报头中有目的地址等必要内容,使每个数据包不经过同样的路径(即无连接)都能准确地到达目的地继而重新组合还原成原来发送的数据。这一特点非常重要,它大大增强了网络的坚固性和安全性。

数据帧是数据链路层的协议数据单元,数据帧格式:帧头+数据部分+帧尾。其中帧头和帧尾包含一些必要的控制信息,如同步信息、地址信息、差错控制信息等;数据部分则包含网络层传下来的数据,如 IP 数据包。IP 数据包:IP 头+数据信息,IP 头包括源和目标计算机 IP 地址、类型、生存期等,数据信息为 TCP 数据包或 UDP 数据包。TCP 数据信息:TCP 头+可选项+实际数据,TCP 头包括源和目标计算机端口号、顺序号、确认号、校验和等。UDP 数据信息：UDP 头＋实际数据，UDP 头包括源和目标计算机端口号、UDP 长度、UDP 校验等。

IP 地址（Internet Protocol Address）是指互联网协议地址，是 IP 协议提供的一种统一的地址格式，它为互联网上的每一台计算机分配一个逻辑地址，以此来屏蔽物理地址的差异。为了实现各计算机间的通信，每台计算机都必须有一个唯一的网络地址，就好像每一个住宅都有唯一的门牌一样，才不至于在传输资料时出现混乱。在 Internet 网络中，我们要确认网络上的计算机，靠的就是能唯一标识计算机的网络地址，这个地址就叫做 IP 地址，即用 Internet 协议语言表示的地址。在 Internet 里，IP 地址是一个 32 位的二进制地址，通常将它们分为 4 个 8 位二进制数，由小数点分开，用 4 个字节来表示，而且，用点分开的每个字节的数值范围是 0～255，如 202.114.32.1，这种书写方法叫做点数表示法。

（2）NetBEUI

NetBEUI 是 NetBios Enhanced User Interface 缩写，即 NetBios 增强用户接口，它是 NetBios 协议的增强版本（NetBios 协议，即 Network Basic Input/Output System，是在 20 世纪 80 年代早期由 IBM 和 Sytec 联合开发，主要用于数十台计算机的小型局域网），曾被许多操作系统采用，例如 Windows for Workgroup、Windows 9x 系列、Windows NT 等。NetBEUI 协议在许多情形下很有用，是 Windows 98 之前的操作系统的缺省协议。NetBEUI 协议是一种短小精悍、通信效率高的广播型协议，安装后不需要进行设置，特别适合于在"网络邻居"传送数据。NetBEUI 缺乏路由和网络层寻址功能，既是其最大的优点，也是其最大的缺点，因为它不需要附加的网络地址和网络层头尾，所以很快并很有效且适用于只有单个网络或整个环境都桥接起来的小工作组环境。一般 NetBEUI 网络很少超过 100 台计算机。

（3）IPX/SPX

IPX/SPX 是 Internetwork Packet Exchange/Sequences Packet Exchange 缩写，即互联网分组交换/顺序分组交换，是 Novell 公司的通信协议集。与 NetBEUI 形成鲜明区别的是 IPX/SPX 比较庞大，在复杂环境下具有很强的适应性。这是因为 IPX/SPX 在设计一开始就考虑了网段的问题，因此它具有强大的路由功能，适合于大型网络使用。当用户端接入 NetWare 服务器时，IPX/SPX 及其兼容协议是最好的选择。但在非 Novell 网络环境中，一般不使用 IPX/SPX。

3. 网络的性能指标

网络性能指标是衡量网络性能的指标，包括速率、带宽、吞吐量、时延、带宽时延积、往返时间、利用率等。

速率是连接在计算机网络上的计算机在数字信道上传送数据的速率，也称为数据率或比特率。速率的单位是比特每秒（bit/s，或者 bps）。一个比特就是二进制数字中的一个 1 或 0。现在人们常用简单记法来描述网络的速率，如 100 M 以太网，它省略了单位中的 bit/s，意思是速率为 100 Mbit/s 的以太网。速率是计算机网络中最重要的一个性能指标。

带宽表示在单位时间内从网络中的某一点到另一点所能通过的最高数据率。带宽的单位是比特每秒，记为 bit/s。带宽表示了网络通信线路所能传送数据的能力。

吞吐量表示在单位时间内通过某个网络(或信道、接口)的数据量。吞吐量经常用于对现实网络进行测量,以便知道实际上到底有多少数据量能够通过网络。吞吐量受网络的带宽或网络的额定速率的限制。例如,对于一个 100 Mbit/s 的以太网,其额定速率是100 Mbit/s,那么这个数值也是该以太网的吞吐量的绝对上限值,其典型的吞吐量可能也只有 70 Mbit/s。有时吞吐量还可用每秒传送的字节数或帧数来表示。

时延是指数据(一个报文或分组,甚至比特)从网络(或链路)的一端传送到另一端所需的时间。时延是个很重要的性能指标,它有时也称为延迟或迟延。网络中的时延是由发送时延、传播时延、处理时延、排队时延四个不同的部分组成的。

时延带宽积是传播时延和带宽相乘积,即时延带宽积＝传播时延×带宽,它是链路上的最大比特数。

往返时间表示从发送方发送数据开始,到发送方收到来自接收方的确认(接收方收到数据后便立即发送确认)总共经历的时间。

利用率分为信道利用率和网络利用率两种。信道利用率指某信道有百分之几的时间是被利用的(有数据通过),完全空闲的信道的利用率是零。网络利用率是全网络的信道利用率的加权平均值。

3.1.2　局域网

1. 局域网的组成及特点

（1）局域网的组成

局域网是计算机网络中的一种,由网络硬件、网络传输介质和网络软件所组成。硬件主要有网络服务器、网络工作站、网络打印机、网卡、交换机、路由器、光纤收/发器等。

（2）局域网的特点

首先,局域网覆盖的地理范围较小,是一个相对独立的局部范围的计算机互联网络,这个小范围可以是一个家庭、一所学校、一家公司,或者是一个政府部门,或者在一座或集中的建筑群内。因此,搭建网络、维护管理以及网络扩展等较容易,系统灵活性高。

其次,局域网可以支持多种传输介质,可以使用专门铺设的传输介质进行联网,数据传输速率高,速率一般为 10 Mb/s～10 Gb/s,通信延迟时间短,可靠性较高。比特流BT(BitTorrent 是一种基于 P2P 原理的下载软件)中常常提到的公网、外网,即广域网WAN;BT 中常常提到私网、内网,即局域网 LAN。由于较小的地理范围的局限性,LAN通常要比广域网 WAN 具有高得多的传输速率。

第三,地址使用不受限。广域网上的每一台计算机(或其他网络设备)都有一个或多个广域网 IP 地址,广域网 IP 地址一般要到互联网服务提供商交费之后才能申请到,广域网 IP 地址不能重复;局域网 LAN 上的每一台计算机(或其设备)都有一个或多个局域网IP 地址,局域网 IP 地址是局域网内部分配的,不同局域网的 IP 地址可以重复,不会相互影响。

第四,网络安全性高。广域网与局域网计算机交换数据要通过路由器或网关的网络地址转换(NAT,Network Address Translation)进行。一般说来,局域网内计算机发起的对外连接请求,路由器或网关都不会加以阻拦,但来自广域网对局域网内计算机连接的请求,路由器或网关在绝大多数情况下都会进行拦截。

（3）无线局域网的特点

无线局域网(WLAN,Wireless Local Area Network)利用射频的技术,使用电磁波在空气中发送和接收数据,而无须线缆介质的局域网。

无线局域网的优点:一、灵活性和移动性好。在有线网络中,网络设备的安放位置受网络位置的限制,而无线局域网在无线信号覆盖区域内的任何一个位置都可以接入网络。无线局域网另一个最大的优点在于其移动性,连接到无线局域网的用户可以移动且能同时与网络保持连接。二、安装便捷。无线局域网可以免去或最大程度地减少网络布线的工作量,一般只要安装一个或多个接入点设备,就可建立覆盖整个区域的局域网络。三、易于进行网络规划和调整。对于有线网络来说,办公地点或网络拓扑的改变通常意味着重新建网。重新布线是一个昂贵、费时和琐碎的过程,无线局域网可以避免或减少以上情况的发生。四、故障定位容易。有线网络一旦出现物理故障,尤其是由于线路连接不良而造成的网络中断,往往很难查明,而且检修线路需要付出很大的代价。无线网络则很容易定位故障,只需更换故障设备即可恢复网络连接。五、易于扩展。无线局域网有多种配置方式,可以很快从只有几个用户的小型局域网扩展到上千用户的大型网络,并且能够提供节点间漫游等有线网络无法实现的特性。由于无线局域网有以上诸多优点,因此其发展十分迅速,现在无线局域网已经在人们的生活、学习和工作中得到广泛的应用。

无线局域网的不足之处:一、信号传输稳定性能受环境影响。无线局域网是依靠无线电波进行传输的。这些电波通过无线发射装置进行发射,而建筑物、车辆、树木和其他障碍物都可能阻碍电磁波的传输,所以会影响网络信号传输。二、网络传输速率不高。无线网的传输速率与有线网相比要低得多,适合个人终端和小规模网络应用。三、网络安全性不高。无线电波不要求建立物理的连接通道,无线信号是发散的,因此,很容易被监听到无线电波广播范围内的信号,造成通信信息泄漏。

2. 网络拓扑结构

网络拓扑是网络形状或网络在物理上的连通性。计算机网络的拓扑结构是指网络中计算机或设备与传输媒介形成的节点与线的物理构成模式。网络的节点有两类:一类是转换和交换信息的转接结点,包括结点交换机、集线器和终端控制器等;另一类是访问结点,包括主机和终端等。线则代表各种传输媒介,包括有形的和无形的。

计算机网络的拓扑结构有星型拓扑结构、总线型拓扑结构、环型拓扑结构、树型拓扑结构以及它们的混合型拓扑结构等。

（1）星型拓扑结构

星型拓扑结构通常采用集线器或交换机作为网络的中央节点,网络中的每一台计算机都通过网卡连接到中央节点,计算机之间通过中央节点进行信息交换,因各节点呈星状分布而得名,如图 3-1 所示。星型拓扑结构是目前在局域网中应用得最为普遍的一种,其传输介质目前用的最多的是双绞线,如常见的五类双绞线、超五类双绞线等。

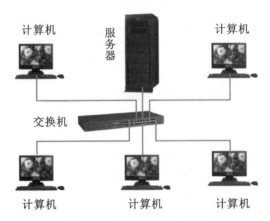

图 3-1　星型拓扑结构实例

　　星型拓扑结构的主要优点：一、管理维护容易。由于所有的数据通信都要经过中心节点，中心节点可以收集到所有的通信状况。二、节点扩展、移动方便。节点扩展时只需要从集线器或交换机等集中设备中拉一条线即可，而要移动一个节点只需要把相应节点设备移到新节点即可。三、易于故障的诊断与隔离。由于各个分节点都与中心节点相连，故便于从中心节点对每一个节点进行测试，也便于将故障节点和系统分离。

　　星型拓扑结构的缺点：一、安装工作量大，组建费用高。采用星型拓扑结构所需的连线长，增加了线缆的费用，也增加了安装工作量。二、过分依赖中央节点。如果中心节点设备故障，整个网络会瘫痪，因此对中心节点的可靠性要求很高。

　　（2）总线型拓扑结构

　　总线型拓扑结构是指采用单根数据传输线作为通信介质，所有的站点都通过相应的硬件接口直接连接到通信介质，而且能被所有其他的站点接收。总线型网络拓扑结构中的用户节点为服务器或工作站，通信介质一般为同轴电缆。由于所有的节点共享一条公用的传输链路，所以一次只能由一个设备传输。一般情况下，总线型网络采用载波监听多路访问/冲突检测协议（CSMA/CD）作为控制策略，图 3-2 所示为总线型拓扑结构实例。

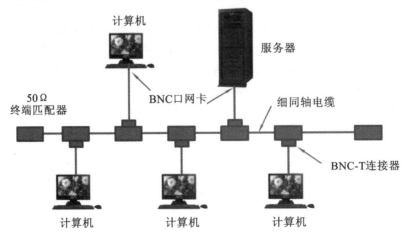

图 3-2　总线型拓扑结构实例

　　总线型拓扑结构的主要优点：一、布线容易，电缆用量小。总线型网络中的节点都连接在一个公共的通信介质上，所以需要的电缆长度短，减少了安装费用，易于布线和维护。二、可靠性高。总线结构简单，从硬件观点来看，十分可靠。三、易于扩充。在总线型网络中，若要增加长度，可通过中继器加上一个附加段；若需要增加新节点，只需要在总线的任何点将其接入。四、易于安装。总线型网络的安装比较简单，对技术要求不是很高。

　　总线型拓扑结构的局限性有：一、故障诊断困难。虽然总线型拓扑结构简单，可靠性高，但故障检测不容易。因为具有总线型拓扑结构的网络不是集中控制，故障检测需要在网上各个节点进行。二、故障隔离困难。对于介质的故障，不能简单地撤销某工作站，这样会切断整个网络。三、中继器配置复杂。在总线的干线基础上扩充时，需要增加中继器，并重新设置，包括电缆长度的裁剪，终端匹配器的调整等。四、通信介质或中间某一接口点出现故障，会导致整个网络瘫痪。五、终端必须是智能的。因为接在总线上的节点有介质访问控制功能，因此必须具有智能，从而增加了站点的硬件和软件费用。

　　（3）树型拓扑结构

　　树型拓扑结构从总线拓扑结构演变而来，树型网络可以包含分支，每个分支又可包含多个节点，网络节点呈树状排列，整体看来形状像一棵倒置的树，顶端是树根，树根以下带分支，每个分支还可再带子分支，如图 3-3 所示。传输介质用的较多的有双绞线、光纤。

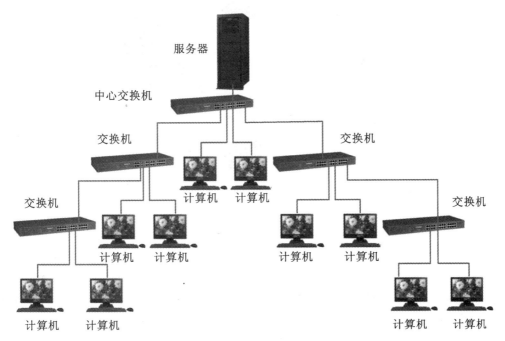

图 3-3　树型拓扑结构实例

　　树型拓扑结构的优点：一、易于扩展。可以延伸出很多分支和子分支，因而容易在网络中加入新的分支或新的节点。二、易于隔离故障。如果某一线路或某一分支节点出现故障,它主要影响局部区域,因而能比较容易地将故障部位跟整个系统隔离开。三、通信线路比较简单。

树型拓扑结构的缺点:各个节点对根的依赖性太大,如果根发生故障,则全网不能正常工作。从这一点来看,树型拓扑结构的可靠性有点类似于星型拓扑结构。

(4)环型拓扑结构

环型拓扑结构就是网络中各节点通过环路接口连在一条首尾相连的闭合环型通信线路形式,如图 3-4 所示。环路中各节点地位相同,任何节点均可请求发送信息,请求一旦被批准,便可以向环路发送信息。环型网中的数据按照设计主要是单向也可以双向传输。信息在每台设备上的延时时间是固定的。由于环线公用,一个节点发出的信息必须穿越环中所有的环路接口,信息流的目的地址与环上某节点地址相符时,信息被该节点的环路接口所接收,并继续流向下一环路接口,一直流回到发送该信息的环路接口为止。在环型拓扑结构中每台 PC 都与另两台 PC 相连,每台 PC 的接口适配器必须接收数据再传往另一台。因为两台 PC 之间都有连线,所以能获得好的性能。最著名的环型拓扑结构网络是令牌环网。

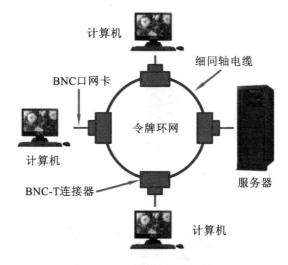

图 3-4　环型拓扑结构实例

环型拓扑结构的优点:一、网络路径选择和网络组建简单。在环型结构网络中,信息在环型网络中流动是一个特定的方向,每两个计算机之间只有一个通路,简化了路径的选择,路径选择效率非常高。二、投资成本低。一方面线材的成本低,在环型网络中各计算机连接在同一条传输线上,线材利用率相当高,节省了投资成本;另一方面由于这种网络中没有任何其他专用网络设备,所以无须花费任何投资购买网络设备。

环型拓扑结构的缺点:一、传输效率低。因为这种环型网络共享一条传输介质,每发送一个数据都要从发送节点经整个环状网络回到发送节点,哪怕是已有节点接收了数据。二、连接用户数非常少。在这种环型结构中,各用户是相互串联在一条传输电缆上的,本来传输速率就非常低,再加上共享传输介质,各用户实际可能分配到的带宽就非常低了,而且还没有任何中继设备,所以这种网络结构可连接的用户数就非常少,通常只是几个用户,最多不超过 20 个。三、扩展性能差。如果要新添加或移动节点,就必须中断整个网络,在适当位置切断网线,并在两端做好环中继转发器才能连接。并且受网络传输性能的限制,用户数非常有限,也不能随意扩展。四、维护困难。一旦某个节点出现了故障,整个网络将出现瘫痪。在这样一个串行结构中,要找到具体的故障点必须一个个节点排除,非常不便。

3.1.3　局域网常用硬件器材

1. 双绞线

双绞线俗称网线,是网络布线工程中最常用的传输介质,一般由两根 22～26 号绝缘铜导线相互缠绕而成,其名字也是由此而来。把两根绝缘的铜导线按一定密度互相绞在一起,每一根导线在传输中辐射出来的电波会被另一根线上发出的电波抵消,有效降低信号干扰的程度。如果把一对或多对双绞线放在一个绝缘套管中便成了双绞线电缆,一般简称双绞线。常用的网线是由 4 对双绞线包在一个绝缘电缆套管里。

（1）双绞线的分类

双绞线按照有无屏蔽层分为屏蔽、非屏蔽双绞线。屏蔽双绞线在双绞线与外层绝缘封套之间有一个金属屏蔽层。双绞线按照频率和信噪比进行分类有一类线、二类线、三类线、四类线、五类线、超五类线、六类线、超六类线、七类线双绞线。常用的有五类线、超五类线和六类线三种,前者线径细而后者线径粗,下面主要介绍这三种线。

五类线,该类电缆增加了绕线密度,外套是一种高质量的绝缘材料,线缆最高频率带宽为 100 MHz,最高传输率为 100 Mbps,用于语音传输和 100 Mbps 的数据传输,主要用于 100BASE-T 快速以太网和 1 000BASE-T 千兆以太网,最大网段长为 100 m,采用 RJ-45 连接器,是最常用的以太网电缆。在双绞线电缆内,不同线对具有不同的绞距长度。通常 4 对双绞线绞距周期在 38.1 mm 内,按逆时针方向扭绞,一对线对的扭绞长度在 12.7 mm 以内。

超五类线,具有衰减小,串扰少,并且具有较高的衰减与串扰的比值和信噪比、更小的时延误差,性能得到很大提高。超五类线主要用于千兆位以太网(1 000 Mbps)。

六类线,该类电缆的传输频率为 1～250 MHz,六类布线系统在 200 MHz 时综合衰减串扰比应该有较大的余量,它提供 2 倍于超五类的带宽。六类布线的传输性能远远高于超五类标准,最适用于传输速率高于 1 Gbps 的应用。六类与超五类的一个重要的不同点在于改善了在串扰以及回波损耗方面的性能,对于新一代全双工的高速网络应用而言,优良的回波损耗性能是极重要的。六类标准中取消了基本链路模型,布线标准采用星型的拓扑结构,要求的布线距离为永久链路的长度不能超过 90 m,信道长度不能超过 100 m。

不同类型的双绞线标注方法:标准类型按 CATx 方式标注,如常用的五类线和六类线,则在线的外皮上标注为 CAT 5、CAT 6。类型数字越大版本越新,技术越先进带宽也越宽,当然价格也越贵。改进版按 xe 方式标注,如超五类线就标注为 CAT 5e。

无论是哪一种线,衰减都随频率的升高而增大。在设计布线时,要考虑到受到衰减的信号还应当有足够大的振幅,以便在有噪声干扰的条件下能够在接收端正确地被检测出来。双绞线能够传送多高速率(Mb/s)的数据还与数字信号的编码方法有很大的关系。

(2)双绞线的优点

双绞线与其他传输介质相比具有以下优点。

一、传输质量高。网络中采用了先进的处理技术,很好地补偿了双绞线对视频信号幅度的衰减以及不同频率间的衰减差,保持了原始图像的亮度和色彩以及实时性,图像信号基本无失真。双绞线最远有效传输距离为 100m,如果采用中继方式,传输距离会更远。二、布线方便、线缆利用率高。一对普通电话线就可以用来传送视频信号。另外,楼宇大厦内广泛铺设的五类非屏蔽双绞线中任取一对就可以传送一路视频信号,无须另外布线,即使是重新布线,五类缆也比同轴缆容易。此外,一根五类缆内有 4 对双绞线,如果使用一对线传送视频信号,另外的几对线还可以用来传输音频信号、控制信号、供电电源或其他信号,提高了线缆利用率,同时避免了各种信号单独布线带来的麻烦,减少了工程造价。三、抗干扰能力强。双绞线能有效抑制共模干扰,即使在强干扰环境下,双绞线也能传送极好的图像信号。而且,使用一根缆内的几对双绞线分别传送不同的信号,相互之间不会发生干扰。四、可靠性高,使用方便。利用双绞线传输视频信号,在前端要接入专用发射机,在控制中心要接入专用接收机。这种双绞线传输设备价格便宜,使用起来也很简单,无须专业知识,也无太多的操作,一次安装,长期稳定工作。五、价格便宜,取材方便。由于使用的是目前广泛使用的普通五类非屏蔽电缆或普通电话线,购买容易,而且价格也很便宜,给工程应用带来极大的方便。

(3)双绞线端接方法

使用双绞线搭建网络时,一般需在双绞线两端装上 RJ-45 连接器(俗称水晶头),端接标准有两种:EIA/TIA 568B 和 EIA/TIA 568A(简称 T568A 标准和 T568B 标准)。将水晶头的网线向下,水晶头平的一面面向读者、带塑料卡的一面背离读者,则 T568B 标准从左至右的接线线序,如图 3-5 所示,表 3-1 是 RJ-45 连接器接线顺序。

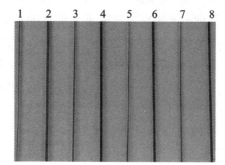

RJ-45接头　　　橙白　橙　绿白　蓝　蓝白　绿　棕白　棕

图 3-5　EIA/TIA 568B 接线

表 3-1　RJ-45 连接器接线顺序

线序 标准类型	1	2	3	4	5	6	7	8
EIA/TIA 568A	绿白	绿	橙白	蓝	蓝白	橙	棕白	棕
EIA/TIA 568B	橙白	橙	绿白	蓝	蓝白	绿	棕白	棕

在一个局域网中应采用一种标准布线,一般采用 T568B 标准。网线端接标准无论是采用 T568A 还是 T568B,在网络中都是通用的。一根网线两端端接标准相同,称为直通线。一端线序为 T568A 标准、另一端线序为 T568B 标准的网线,称为交叉线。交叉线一般用于相同设备的连接,如路由器和路由器、两台 PC 机之间,现在这些设备也支持直通线了。

10/100 M 以太网的网线使用 1、2、3、6 编号的芯线传递数据。为何都采用 4 对(8 芯线)的双绞线呢? 这主要是为适应更多的使用范围,在不变换基础设施的前提下,就可满足各式各样的用户设备的接线要求。例如,我们可同时用其中一对绞线来实现语音通信。100BASE-T4RJ-45 对双绞线的规定如下:1、2 用于发送,3、6 用于接收,4、5 用于语音,7、8 是双向线;1、2 线必须是双绞,3、6 双绞,4、5 双绞,7、8 双绞。

2. 光纤和光缆

(1) 光纤

光纤是光导纤维的简称,是由导光材料制成的纤维丝,基本结构如图 3-6 所示。纤芯通常由石英玻璃制成的横截面积很小的同心圆柱体,芯外面包围着一层折射率比芯低的玻璃封套,俗称包层,外面的是一层薄的塑料外套,即涂覆层,用来保护包层。

在光纤传输中激光是信号传输的载体。激光是利用光子受激辐射实现光放大的简称。激光与普通光相比具有宝贵的特性:激光有很强的方向性,单色性很高,频谱很窄,而

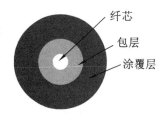

图 3-6　光纤的基本结构

普通光源除发出可见光外,还发出紫外线、红外线等,有很宽的频谱,激光器的发光功率很大。

光纤传输原理是光的全反射。由高折射率的柔软玻璃丝制成的纤芯是光波的传输介质,包层材料的折射率比纤芯稍低,它与纤芯共同构成光波导,形成对传输光波的约束作用。当芯线中光的入射角大于临界角时,将发生全反射,光就会在纤芯内来回反射,曲折向前传播。光在光纤中传播时,它的电磁场在光纤中将按一定的方式分布,这种分布方式称为模式。按照光传输模式的不同,光纤可分为多模光纤和单模光纤。多模光纤是指允许多种电磁场分布方式同时存在的光纤,单模光纤是指只允许一种电磁场分布方式存在的光纤。在多模光纤中芯的直径是 50 μm 和 62.5 μm 两种,与人的头发的粗细相当,而单模光纤芯的直径为 4~10 μm。

光纤传输的优点:一、光纤的传输损耗非常小,并且不同波长的光在光纤中传输损耗

是不同的。在 850 nm、1 310 nm 和 1 550 nm 三个值附近,光纤损耗有最小值,故称这三个波长为光纤通信的三个窗口。850 nm 波长的光损耗约为 2.5 dB/km;1 310 nm 波长的光损耗约为 0.35 dB/km;1 550 nm 波长的光损耗约为 0.2 dB/km。一般单模光纤传输 20～120 km,多模光纤传输距离 2～5 km。二、重量轻。因为光纤非常细,单模光纤芯线直径一般为 4～10 μm,外径也只有 125 μm,加上防水层、加强筋、护套等,用 4～48 根光纤组成的光缆直径还不到 13 mm,比标准同轴电缆的直径 47 mm 要小得多,又光纤是玻璃纤维,密度小,故它具有直径小、重量轻的特点,安装十分方便。三、抗干扰能力强。因为光纤的基本成分是石英,只传光,不导电,不受电磁场的影响,故光纤传输对电磁干扰、工业干扰有很强的抵御能力。也正因为如此,在光纤中传输的信号不易被窃听,利于保密。四、成本不断下降。制作光纤的材料(石英)来源十分丰富,随着技术的进步,成本还会进一步降低;而电缆所需的铜原料有限,价格会越来越高。

（2）光缆

单根光纤很细、强度很低,使用不方便,实际中将多根光纤组合成多芯光纤,并加入钢丝、聚酯单丝等加强筋构成缆芯,外面再加上保护套,成为实用的光缆。光缆的基本结构一般是由缆芯、加强钢丝、填充物和护套等部分组成,另外根据需要还有防水层、缓冲层、绝缘金属导线等构件。

3. 路由器

路由器是连接 Internet 中各局域网、广域网的设备,它会根据信道的情况自动选择和设定路由,以最佳路径,按前后顺序发送信号。路由器在网络拓扑结构中用图标 表示。

（1）路由器的背板结构

路由器背板有电源接口、复位键、WAN 接口、LAN 1～4 接口,如图 3-7 所示。一般路由器通电时,按复位键 8 秒钟以上可以恢复路由器的出厂设置。WAN 接口是路由器与广域网的服务器或交换机等设备的连接口。LAN 1～4 接口是路由器与局域网计算机或交换机等设备的连接口。

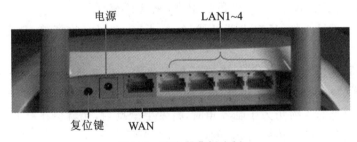

图 3-7　路由器背板实例

（2）路由器的功能与工作原理

路由器的功能是协议转换、寻址、分组转发等。路由器作为三层的网络设备,首先对接收的数据进行下三层的解封装,然后根据出口协议栈对接收数据进行再封装,最后送到出口网络中,从而实现不同协议、不同体系结构网络之间的通信。路由器寻址与主机类似,区别在于路由器不止一个出口,所以不能通过简单配一条默认网关解决所有数据分组的转发,必须根据目的网络的不同选择对应的出口路径。分组转发即将数据分组转发到目的网络。

路由器寻址实例如图 3-8 所示,若路由器 R1 没有配置路由,则工作站 A 发送到 172.16.2.2 的数据分组到达 R1 时,R1 在路由表中检查不到 172.16.2.0 网络的路径,从而会丢掉数据分组。若 R1 配置了正确的路由,R2 没有配置路由,则工作站 A 发送到 172.16.2.2 的数据分组可以经过 R1 发送给 R2 并经过 R2 的本地路由表发送给 172.16.2.2,但从 172.16.2.2 返回的数据分组将因 R2 中没有到达 172.16.1.0 网络的路由而被丢掉,所以工作站 A 与工作站 B 不能通信。

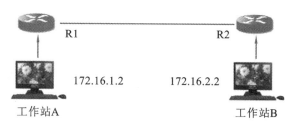

172.16.1.2   172.16.2.2

工作站A   工作站B

图 3-8　路由器的寻址

路由器分组转发实例如图 3-9 所示,工作站 A 需要向工作站 B 传送信息,假设工作站 B 的 IP 地址为 10.144.1.150,它们之间需要通过多个路由器 R1~5 进行接力传递。

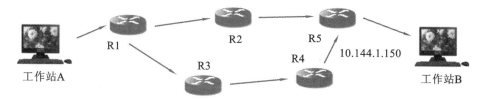

图 3-9　路由器的分组转发

首先,甲工作站 A 将工作站 B 的地址 10.144.1.150 连同数据信息以数据包的形式发送给 R1;其次,R1 收到工作站 A 的数据包后,先从包头中取出地址 10.144.1.150,并根据路径表计算出发往工作站 B 的最佳路径 R1→R2→R5→B,并将数据包发往 R2;再次,R2 重复 R1 的工作,并将数据包转发给 R5;然后,R5 同样取出目的地址,发现 10.144.1.150 就在该路由器所连接的网段上,于是将该数据包直接交给工作站 B;最后,工作站 B 收到工作站 A 的数据包,一次通信过程宣告结束。

路由器还具有加密、压缩和防火墙功能,网络管理,提供包括配置管理、性能管理、容错管理、流量控制等功能。

（3）路由器选购

选购路由器应遵循标准化原则、技术简单性原则、环境适应性原则、可管理性原则和容错冗余性原则。对于高端路由器,更多的还应该考虑是否适应骨干网对网络高可靠性、接口高扩展性以及路由查找和数据转发的高性能要求。高可靠性、高扩展性和高性能是高端路由器区别于中、低端路由器的关键所在。

4. 交换机

交换机是一种用于电(光)信号转发的网络设备,它可以为接入交换机的任意两个网络节点提供独享的电信号通路。在计算机网络系统中,交换机是一种基于 MAC 地址识别,能够完成数据帧封装、转发功能的网络设备。交换机在网络拓扑结构中用图标 表示。

以太网交换机类似于一台专用的计算机,它由中央处理器 CPU、随机存储器 RAM 和接口组成,工作在开放式系统互联 OSI 模型中的第二层,即数据链路层,用于连接工作站、服务器、路由器、集线器和其他交换机。其主要作用是快速高效、准确无误地转发数据帧。

(1)交换机的体系结构

交换机的体系结构基本可以分为三类:总线结构、共享存储器结构和交换矩阵结构。

总线结构中各模块共享同一背板总线结构,每个输入端通过输入处理部件(输入逻辑)连接到总线上,每个输出端通过输出处理部件(逻辑输出)连接到总线上,数据利用时分多工传输方式在总线上传输。

共享存储器结构是总线结构的变形,使用大量的高速 RAM 来存储输入数据。各路输入数据经过输入处理部件进入存储器,输出处理部件从存储器中取出数据,形成各路输出信号。

交换矩阵结构其交换矩阵是背板式交换机上的硬件结构,用于在端口之间实现高速的点到点连接而无须经过总线。交换矩阵提供了在插槽之间的各个点到点连接上同时转发数据包的机制。交换机分组转发的本质就是各个端口之间的通信,由于总线结构和共享存储器结构都依赖于总线对数据进行中继,从而使得总线成为交换机分组转发的瓶颈。交换矩阵直接避免了总线结构中的总线带宽所造成的瓶颈。

(2)交换机的工作原理

在网络数据通信中,交换机执行两个基本操作:一、交换数据帧,将从某一端口收到的数据帧转发到该帧的目的地端口;二、维护交换操作,构造和维护动态 MAC 地址表。

当交换机接收到从端口来的一个数据帧时,首先检查该帧的源和目的 MAC 地址,然后与系统内部的动态 MAC 地址表进行比较。若数据帧的源 MAC 地址不在该表中,则将该源 MAC 地址及其对应的端口号加入 MAC 地址表中。若数据帧目的 MAC 地址在表中,则将数据帧发送到相应的目的端口,反之则将目的 MAC 地址加入 MAC 表中,并将数据帧发送到所有其他端口。

交换机内有一个 MAC 地址表,表的每一项存放着一个连接在交换机端口上的设备的 MAC 地址及其相应端口号。交换机加电启动进行初始化时,其 MAC 地址表为空。当自检成功后,交换机开始侦测各端口连接的设备,一旦端口设备有访问,期间的数据流必然会以广播的形式被交换机接收到。当交换机接收到数据后,首先把数据帧的源 MAC 地址拆下来,若交换机内部存储器中没有该 MAC 地址,则把该地址存储下来,同时把 MAC 地址所表示的设备和交换机的端口号对照起来,构成 MAC 地址表。由于交换机中的内存有限,能够记忆的 MAC 地址数量有限,交换机设定了一个自动老化时间,若某个 MAC 地址在设定的时间内不再出现,交换机将自动把该 MAC 地址从表中清除。当下一次 MAC 地址出现时,被当做新地址处理。

（3）交换机的分类

按网络覆盖范围划分,可分为广域网交换机和局域网交换机两种。广域网交换机主要应用于电信城域网互联、互联网接入等广域网中,提供通信用的基础平台。局域网交换机应用于局域网络,用于连接终端设备,如服务器、工作站、路由器等网络设备,提供高速、独立的通信通道。

按传输介质和传输速度划分,可分为以太网交换机、快速以太网交换机、千兆以太网交换机、FDDI(Fiber Distributed Data Interface)交换机、ATM 交换机和令牌环交换机等。

按应用规模层次划分,可分为企业级交换机、部门级交换机和工作组交换机等。各厂商划分的尺度并不是完全一致的,一般来讲,企业级交换机都是机架式,部门级交换机可以是机架式(插槽数较少),也可以是固定配置式,而工作组级交换机为固定配置式(功能较为简单)。另一方面,从应用的规模来看,作为骨干交换机时,支持 500 个信息点以上大型企业应用的交换机为企业级交换机,支持 300 个信息点以下中型企业的交换机为部门级交换机,而支持 100 个信息点以内的交换机为工作组级交换机。

按交换机工作协议层次划分,可分为二层、三层、四层交换机等。网络设备都是对应工作在 OSI 参考模型的一定层次上,工作层次越高,则设备的技术性能越高,档次也就越高。二层交换机用于小型的局域网络,三层交换机的最重要的功能是加快大型局域网络内部的数据的快速转发,四层交换机所传输的业务服从各种各样的协议。

按传输信号划分,可分为普通交换机和光交换机。所有的交换技术都是基于电信号的,即使是光纤交换机也是先将光信号转为电信号,经过交换处理后,再转回光信号发到另一根光纤。由于光电转换速率较低,同时电路的处理速度存在物理学上的瓶颈,因此人们希望设计出一种无须经过光电转换的光交换机,其内部不是电路而是光路,逻辑原件不是开关电路而是开关光路。这样将大大提高交换机的处理速率。

（4）交换机选购

选购交换机时交换机的优劣十分重要,而交换机的优劣要从总体构架、性能和功能三方面入手。交换机选购时,性能方面除了要满足吞吐量、时延、丢包率外基本标准,随着用户业务的增加和应用的深入,还要满足了一些额外的指标,如 MAC 地址数、路由表容量、ACL(Access Control List)数目、LSP(Label Switching Path)容量、支持 VPN(Virtual Private Network)数量等。

5. 光纤收/发器

光纤收/发器是一种将短距离的双绞线电信号和长距离的光信号进行互换的以太网传输媒体转换单元。其作用是,将发送的电信号转换成光信号,并发送出去,同时,能将接收到的光信号转换成电信号,输入到接收端。

光纤收/发器一般用在以太网电缆无法覆盖,必须使用光纤来延长传输距离的网络环境中,且通常定位于宽带城域网的接入层应用,如监控安全工程的高清视频图像传输。

（1）光纤收/发器的分类

按速率来分,可以分为单 10 M、100 M、1 000 M、10 G 的光纤收/发器、10/100 M 自适应、10/100/1 000 M 自适应的光纤收/发器。图 3-10 是一款 10/100/1 000 M 自适应的光纤收/发器实例。UTP 为电信号接口,TX 为光信号发射接口,RX 为光信号接收接口。PWR 为电源指示灯;Link/Act(左)为光口链接/状态指示灯,灯亮光纤链路连通,灯闪烁有数据流;Link/Act(右)为电链接/状态指示灯,灯亮光纤链路连通,灯闪烁有数据流;FDX 为电口工作模式指示灯,灯亮全双工,灯灭半双工且有数据时闪烁;1 000 M 电信号指示灯,灯亮信号为 1 000 M,100 M 电信号指示灯,灯亮信号为 100 M,1 000 M 和 100 M 灯灭时信号为 10 M。

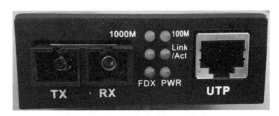

图 3-10　10/100/1 000 M 自适应的光纤收/发器实例

按工作方式来分,如上所述,可以分为工作在物理层的光纤收/发器和工作在数据链路层的光纤收/发器。

按结构来分,可以分为桌面式(独立式)光纤收/发器和机架式光纤收/发器。桌面式光纤收/发器适合于单个用户使用,如楼道中单台交换机的上联。机架式光纤收/发器适用于多用户的汇聚,如小区的中心机房必须满足小区内所有交换机的上联,使用机架便于实现对所有模块型光纤收/发器的统一管理和统一供电,一般的光纤收/发器机架为 16 槽产品,即一个机架中最多可加插 16 个模块式光纤收/发器。

按光纤来分,可以分为多模光纤收/发器和单模光纤收/发器。由于使用的光纤不同,收/发器所能传输的距离也不一样,多模收/发器一般的传输距离在 2～5 km,而单模收/发器覆盖的范围为 20～120 km。

按光纤数量来分,可以分为单纤光纤收/发器和双纤光纤收/发器。顾名思义,单纤设备可以节省一半的光纤,即在一根光纤上实现数据的接收和发送,在光纤资源紧张的地方十分适用。这类产品采用了波分复用的技术,使用的波长多为短距离传输(0～60 km)的 1 310 nm 和 1 550 nm 以及长距离传输(60～120 km)的 1 490 nm 和 1 550 nm。

按电源来分,可以分为内置电源和外置电源两种。其中内置开关电源为电信级电源,而外置变压器电源多使用在民用设备上。前者的优势在于能支持超宽的电源电压,更好地实现稳压、滤波和设备电源保护,减少机械式接触造成的外置故障点;后者的优势在于设备体积小巧、便于使用 14 槽机架集中管理和价格便宜。另外从设备供电电压类型来分,有交流 220 V、110 V、60 V;直流 48 V、24 V 等。

按网管来分,可以分为网管型光纤收/发器和非网管型光纤收/发器。随着网络向着可运营可管理的方向发展,大多数运营商都希望自己网络中的所有设备均能做到可远程网管的程度,光纤收/发器产品与交换机、路由器一样也逐步向这个方向发展。对于可网管的光纤收/发器还可以细分为局端可网管和用户端可网管。局端可网管的光纤收/发器主要是机架式产品,多采用主从式的管理结构,即一个主网管模块可串联 N 个从网管模块,每个从网管模块定期轮询它所在子架上所有光纤收/发器的状态信息,向主网管模块提交。主网管模块一方面需要轮询自己机架上的网管信息,另一方面还需收集所有从子架上的信息,然后汇总并提交给网管服务器。

（2）光纤收/发器的选购

光纤收/发器的选购需要考虑:一、是否可支持全双工及半双工,因为市面上有些芯片,只能使用全双工环境,无法支持半双工,若接至其他品牌的交换机或集线器且使用半双工模式,则一定会造成严重的冲撞及丢包。二、是否与其他光纤接头做过连接测试,市面上的光纤收/发器愈来愈多,如不同品牌的收/发器相互的兼容性事前没做过测试则也会产生丢包、传输时间过长、忽快忽慢等现象。三、是否防范丢包的安全装置,因为很多厂商在制作光纤收/发器时,为了降低成本,往往采用寄存器数据传输模式,这种方式最大的缺点,就是数据传输时会不稳,造成丢包,而最佳的方式就是采用缓冲线路设计,可安全避免数据丢包。四、是否有做温度测试,因为光纤收/发器本身使用时会产生高热,再加上其安装的环境通常在户外,故温度过高时（大于 50 ℃）,光纤收/发器是否可正常运作,是用户必须考虑的因素。五、是否有符合 IEEE802.3 标准。光纤收/发器若不符合 IEEE802.3 标准会存在兼容性的问题。

3.1.4　局域网组建方案设计

由于计算机网络技术发展迅猛,因此,在组建设计时应从组建的用途、经费的投入和今后计算机网络的发展等方面综合考虑,全面进行局域网的方案设计。

首先,明确组建的目的。不同的部门,组建局域网的目的和用途不同,要求也就不同。中小学组建局域网或校园网的主要任务是进行计算机基础知识的学习、办公、计算机辅助教学、多媒体教学、课件的制作、应用软件的使用、互联网的使用和远程教学等,大学组建局域网相对中小学要求更高、速度要求更快,还需考虑将来的可扩充性。

其次,组建符合网络技术规范。在组建设计中,一方面要充分考虑网络的标准化、规范化,另一方面又要考虑网络设计上应有一定的先进性,应采用国际上先进同时又是成熟的技术,便于今后网络的扩充,以增强网络的效率和效益,同时又能与外界的广域网和互联网成有机的统一体。通过采用结构化、模块化、标准化的设计形式,满足系统及用户各种不同的需求,适应不断变革中的要求,以满足系统与功能为目标,保证总体方案的设计合理,满足用户的需求,同时便于系统使用过程中的维护,以及今后系统的二次开发与移植。此外,传输介质要满足网络带宽、抗干扰、网络的拓扑结构的要求,传输距离应满足用户的现场环境和介质访问的要求,网络的实际吞吐量的要求也应考虑等。

总的来说,网络系统的设计应体现出先进性、实用性、开放性、灵活性、发展性、可靠性、安全性、使用性、抗干扰性和经济性的原则。

1.局域网设计基本原则

(1)实用性原则

局域网的设计应遵循实用性原则,坚持应用为本,在实用的基础上设计局域网。一方面,由于每一个用户资金并不是很充足,不可能一步到位。另一方面,用户的应用水平参差不齐,某些系统即使安装了也利用不起来,因此,在局域网的建设过程中,系统建设应始终贯彻面向应用,注重实效的方针,坚持实用、经济的原则。

(2)适度先进原则

计算机网络技术发展很快,设备更新淘汰也很快。这就要求局域网建设在系统设计时既要采用先进的概念、技术和方法,又要注意结构、设备、工具的相对成熟。只有采用当前符合国际标准的成熟先进的技术和设备,才能确保局域网能够适应将来网络技术发展的需要,保证在未来若干年内占主导地位。

(3)可扩展性原则

系统要有可扩展性和可升级性,随着用户的业务的增长和应用水平的提高,网络中的数据和信息流将按指数级增长,需要网络有很好的可扩展性,并能随着技术的发展不断升级。在设计上应注重兼容性、连续性,依据标准化和模块化的设计思想,不仅在体系结构上保持很大的开放性,而且同时能够提供多种灵活可变的接口,使系统今后的扩展非常方便,保护系统的投资。设备应选用符合国际标准的系统和产品,以保证系统具有较长的生命力和扩展能力,满足将来系统升级的要求。

(4)安全与可靠性原则

网络系统应具有良好的安全性。在系统设计中,既考虑信息资源的充分共享,更要注意信息的保护和隔离。因此,系统应分别针对不同的应用和不同的网络通信环境,采取不同的措施,包括系统安全机制、数据存取的权限控制等。系统应具有对主要环节的监视和控制功能,严防非法用户的越权操作。做好系统内权限的分级管理,并且应使网络通信系统具有较强的容错和故障恢复能力。

网络可靠性包括网络物理级的可靠性,如服务器、风扇、电源、线路等;以及网络逻辑的可靠性,如路由、交换的汇聚,链路冗余,负载均衡,QoS(Quality of Service)等。

2.局域网设计方法

(1)确定用户需求

分析和确定用户需求,在分析前必须调查清楚用户都用那些需求。只有在对局域网建设机构和部门的需求进行了充分的调研和分析后,才能搞清楚用户建设局域网的当前目标和将来的期望目标。局域网的设计必须以这些目标作为基本依据。

确定用户需求需要调查清楚的基本问题有:局域网建设机构的工作性质、业务范围和服务对象,由此产生的对局域网应用系统的需求和期望;局域网建设机构目前的用户数量,目前准备入网的节点计算机数量,预计将来发展会达到的规模;分布范围是在一座建筑物内还是在一个园区内跨越多座建筑物,如果是分布在一座建筑物内,是否最终分布到各个楼层,在每层中是否所有的房间都有入网需求,计划每个房间最多容许有多少台设备连入局域网,建筑物的公共使用空间(如走廊、门厅、地下室、设备间等)是否有设备临时接入局域网的需求;局域网建设机构是否有建立专门部门(如网络中心、信息中心或数据中心)进行信息业务处理的需求;是否有多媒体业务的需求,对多媒体业务的服务性能要求达到什么程度;是否考虑将机构的电信业务(电话、传真)与数据业务集成到计算机网络中统一处理;局域网建设机构对网络安全有哪些需求,对网络与信息的保密有哪些需求,要求的程度是什么。

(2) 确定局域网类型、分布构架、带宽和主干设备类型

首先,确定类型。根据用户的需要确定适合的局域网类型。目前的局域网建设中,由于以太网性能优良、价格低廉、升级与维护方便,通常都将它作为首选。

其次,确定网络分布构架。局域网的网络分布构架与入网计算机的节点数量和网络分布情况直接相关。如果所建设的局域网在规模上是由数百台至上千台入网节点计算机组成的网络,在空间上跨越在一个园区的多个建筑物,则称这样的局域网为大型局域网。对于大型局域网,通常在设计上将它组织成为核心层、分布层、接入层分别考虑。接入层节点直接连接用户计算机,它通常是一个部门或一个楼层的交换机;分布层的每个节点可以连接多个接入层节点,通常它是一个建筑物内连接多个楼层交换机或部门交换机的总交换机;核心层节点在逻辑上只有一个,它连接多个分布层交换机,通常是一个园区中连接多个建筑物的总交换机的核心网络设备。如果所建设的局域网在规模上是由几十台至几百台入网节点计算机组成的网络,在空间上分布在一座建筑物的多个楼层或多个部门,这样的网络称为中小型局域网。在设计上常常分为核心层和接入层两层考虑,接入层节点直接连接到核心层节点。有时也将核心层称为网络主干,将接入层称为网络分支。如果所建设的局域网是空间上集中的几十台计算机构成的小型局域网,设计就相对简单许多,在逻辑上不用考虑分层,在物理上使用一组或一台交换机连接所有的入网节点即可。

然后,确定带宽和网络设备的类型。局域网的带宽需求与网络上的应用密切相关。一般而言,快速以太网足以满足网络数据流量不是很大的中小型局域网的需求。如果入网节点计算机的数量在百台以上且传输的信息量很大,或者准备在局域网上运行实时多媒体业务,建议选择千兆为以太网。

网络分布构架和网络宽带确定之后,就可以选择网络主干设备类型。网络主干设备或核层设备选择具备第三层交换功能的高性能主干交换机。如果要求局域网主干具备高可靠性和可用性,还应该考虑核心交换机的冗余与热备份方案设计。分布层或接入层的网络设备类型,通常选择普通交换机即可,交换机的性能和数量由入网计算机的数量和网络拓扑结构决定。

(3) 确定布线方案

局域网布线设计的依据是网络的分布架构。由于网络布线是一次完成、多年使用的工程,必须有较长远的考虑。对于大型局域网,连接园区内的各个建筑物的网络通常选用光纤,统一规划,冗余设计,使用线缆保护管道并且埋入地下。建筑物内又分为连接各个楼层的垂直布线子系统和连接同一楼层各个房间入网计算机的水平布线子系统。如果设有信息中心网络机房,还应该考虑机房的特殊布线要求。

由于计算机网络的迅速普及,在局域网布线时,应该充分考虑到将来网络扩展可能需要的最大接入节点数量、接入位置的分布和用户使用的方便性。若整座建筑物接入局域网的节点计算机不多,可以采用从一个接入层节点直接连接所有入网节点的设计。若建筑物的每个楼层都分布有大量接入节点,就需要设计垂直布线子系统和水平布线子系统,并且在每层楼设置专门的配线间,安置该层的接入层节点网络设备和配线装置。水平布线子系统通常采用非屏蔽双绞线或屏蔽双绞线,如何选择线缆类型和带宽根据应用需求决定。连接各个楼层交换机的垂直布线子系统通常采用光纤。

(4) 确定操作系统和服务器

网络操作系统的选择与局域网的规模、所采用的应用软件、网络技术人员与管理的水平、网络建设机构的投入等多种因素有关。各种服务器既是计算机局域网的控制中心,也是提供各种应用和信息服务的数据服务中心,其重要性可想而知。服务器的类型和档次,应该与局域网的规模、应用目的、数据流量和可靠性要求相匹配。

如果是服务于几十台计算机的小型局域网,数据流量不大,工作组级的服务器基本上就可以满足要求;如果是服务于数百台计算机的中型局域网,一般来说至少需要选用部门级服务器,甚至企业级服务器;对于大型局域网来说,用于网络主干的服务和应用必须选择企业级服务器,而下属的部门级应用则可以根据需求选择服务器。对于一个需要通过计算机网络与外界进行通信并且有联网业务的机构来说,选择功能与档次合适的服务器用于电子邮件服务、网站服务、Internet 访问服务及数据库服务非常重要。根据业务需要,可以使用一台服务器提供多种软件服务,也可以使用多台服务器共同完成一种软件服务。

(5) 确定服务设施

一个局域网建设成后能够正常运行,还需要相应服务设施支持。若需要保障小型局域网服务器的安全运行,至少需要配备不间断电源设备。对于中、大型局域网,通常需要专门设计安置网络主干设备和服务器的信息中心机房或网络中心机房。机房本身的功能设计、供电照明设计、空调通风设计、网络布线设计和消防安全设计都必须一并考虑。

3.2　实验操作

3.2.1　网线 RJ-45 连接器的制作与检测

下面主要介绍 EIA/TIA 568B 标准直通线制作与检测方法。

1. 网线 RJ-45 连接器的制作

(1) 整理网线头

首先,用剪刀剪取一段符合布线长度要求的五类双绞线,用双绞线网线钳或剪刀把网线的一端剪齐,并把剪齐的一端插入到网线钳用于剥线的缺口中,注意网线不能弯。

其次,稍微握紧压线钳慢慢旋转一圈(无须担心会损坏网线里面芯线的皮,因为剥线的两刀片之间留有一定距离,这距离通常就是里面 4 对芯线的直径),用刀口划开双绞线的保护胶皮并剥下胶皮,当然也可使用专门的剥线工具来剥下保护胶皮。剥除外皮后即可见到双绞线网线的 4 对 8 根芯线,并且可以看到每对线的颜色都不同。每对缠绕的两根芯线是由一种染有相应颜色的芯线加上一条只染有少许相应颜色的白色相间芯线组成,参看图 3-5 所示。

注意:剥线长度通常应恰好为水晶头长度,这样可以有效避免剥线过长或过短造成的麻烦。剥线过长则不美观,另一方面因网线不能被水晶头卡住,容易松动;剥线过短,因有外皮存在,太厚,不能完全插到水晶头底部,造成水晶头插针不能与网线芯线完好接触。

然后,把每对相互缠绕在一起的芯线逐一解开。解开后则根据规则把几组芯线依次地排列好并理顺,排列的时候应该注意尽量避免线路过多的缠绕和重叠。把芯线依次排列并理顺之后,由于芯线之前是相互缠绕着的,因此芯线会有一定的弯曲,应该把芯线尽量扯直并保持芯线平扁。把芯线扯直的方法也十分简单,利用双手抓着芯线然后向两个相反方向用力,并上下扯一下即可。

最后,把芯线依次排列好并理顺压直,细心检查确认无误,之后利用压线钳的剪线刀口把芯线头部裁剪整齐。

注意:裁剪的时候应该是水平方向插入剪线刀口,否则芯线长度不一会影响到芯线与水晶头的正常接触。若之前把保护层剥下过多的话,可以在这里将过长的芯线剪短,保留去掉外层保护层的部分约为 15mm,这个长度正好能将各芯线插入到各自的线槽。如果该段留得过长,一来会由于芯线不再互绞而增加串扰,二来会由于水晶头不能压住护套而可能导致电缆从水晶头中脱出,造成线路的接触不良甚至中断。

(2)把整理好的网线头插入水晶头内

将水晶头有塑料卡的一面向下,平的一面向上,使有针脚的一端指向远离自己的方向,有方型孔的一端对着自己,把整理好的芯线头插入水晶头内。此时,最左边的是第 1 脚,最右边的是第 8 脚,其余依次顺序排列。插入的时候需要注意缓缓地用力把 8 条芯线同时沿 RJ-45 头内的 8 个线槽插入,一直插到线槽的顶端,参看图 3-5 所示。

(3)压线

在压线之前可以从水晶头的顶部检查,看看是否每一组芯线都紧紧地顶在水晶头的末端,确认无误之后就可以把水晶头插入压线钳的 8P 槽内压线了。

把水晶头插入压线钳的 8P 槽内后,用力握紧压线钳,若力气不够的话,可以使用双手一起压,这样压的过程使得水晶头凸出在外面的针脚全部压入水晶头内,施力之后听到一声轻微的"啪"即可。压线之后水晶头凸出在外面的针脚全部压入水晶头内,水晶头下部的塑料扣位也压紧在网线的灰色保护层之上。这样,水晶头就制作完毕了。

2. 网线检测

(1)网线水晶头插入测试仪接口

网线测试仪有两个可以分开的部分,大的为测试仪主机,小的为测试仪副机或远程测试仪,主机和副机都有一个连接 RJ-45 水晶头的接口和一个连接电话线的接口。主机、副机的面板上都有 1 排 8 个指示灯,用来测试双绞线的 8 根芯线的连通情况。

把做好的网线两端水晶头分别插入测线仪主机、副机的 RJ-45 水晶头的插口内,如图 3-11 所示。

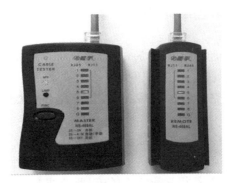

图 3-11　网线测试仪检测网线实例

(2) 接通测试仪电源,观察主机、副机面板上 8 个数字指示灯的点亮情况

主机和副机面板上对应的指示灯同时亮,表示对应那根线连接正常。即在测线仪的主机和副机都有 8 个数字,当看到在主机和副机数字 1 指示灯同时亮起,说明第一个位置的网线已经接通,只要数字指示灯向下逐渐亮起,且两机亮起的顺序一致,则说明网线是通的,如果主机和副机点亮的数字指示灯不一样,或指示灯不亮则证明网线不通,如图 3-11 所示。

如果一根网线的每条线(8 根芯线)都与水晶头连接良好,则这根网线测试是通的,网线制作成功。若不成功,必须先剪掉网线其中一端的水晶头,重新制作该端后再检测,若还是不通,再剪网线的另一端水晶头重新制作,直至网线检测成功。

3.2.2　Windows 环境下 TCP/IP 协议安装、设置和测试

在安装操作系统时网络协议会被自动安装,如在安装 Windows、Windows Server 等系统会自动安装 TCP/IP、NetBEUI 通信协议,在安装 NetWare 时,系统会自动安装 IPX/SPX 通信协议。在三种协议中,NetBEUI 和 IPX/SPX 在安装后不需要进行设置就可以直接使用,但 TCP/IP 协议需要进行设置。

下面主要以 Windows 7 环境下的 TCP/IP 协议为主介绍其安装、设置和测试方法,其他操作系统中协议的有关操作基本相同。

1. TCP/IP 协议安装

(1) 打开网络和共享中心

连接好计算机的网线,然后开启计算机,单击"开始"按钮,在弹出的菜单中选择控制面板→网络和共享中心;或者右击右下角任务栏上的网络连接图标,单击网络和共享中心。

(2) 打开本地连接属性

在网络和共享中心界面右侧单击更改适配器,右击"本地连接",选择"属性";或者,直接双击"本地连接",选择"属性",如图 3-12 所示。

图 3-12　TCP/IP 协议设置

（3）安装 TCP/IP 协议

在本地连接属性对话框中，单击对话框中的"安装"按钮，选取其中的"TCP/IP 协议"，然后单击"添加"按钮。系统会询问你是否要进行"动态主机设置协议 DHCP 服务器"的设置，如果局域网的 IP 地址是固定的，可选择"否"，反之选择"是"。随后，系统开始从安装盘中复制所需的文件，安装 TCP/IP 协议。

2. TCP/IP 协议设置

（1）打开 TCP/IP 协议属性

按前述 TCP/IP 协议安装的方法打开本地连接→属性，选择"Internet 协议版本 4（TCP/IPv4）"，单击"属性"或选择"Internet 协议版本 4（TCP/IPv4）"并双击，打开 TCP/IP 协议属性。

（2）设置 TCP/IP 协议属性

在 TCP/IP 协议属性设置对话框中，单击"使用下面的 IP 地址"，在指定的位置输入已分配好的"IP 地址"和"子网掩码"，如果该用户还要访问其他网络的资源，还需在"默认网关"处输入网关的地址。若该用户需要访问网络上的域名网站，还需要设置 DNS 服务器地址，即单击"使用下面的 DNS 服务器地址"，填写好所选定的 DNS 服务器地址。设置好 TCP/IP 协议属性后，单击"确定"按钮即可。

3. TCP/IP 协议测试

当 TCP/IP 协议安装并设置结束后，为了保证其能够正常工作，在使用前一定要进行测试。网络测试使用操作系统自带的命令工具进行测试，网络命令将在第 7 章详细讲述，这里先介绍利用网络命令测试 TCP/IP 的配置步骤。

首先,打开命令提示符 DOS 窗口。单击菜单开始→运行,输入 CMD(字母大小写均可),单击确定,打开命令提示符 DOS 窗口。然后,进行网络命令测试。

(1) IPConfig /all 命令检查

在 DOS 窗口中输入命令"IPConfig /all",按回车键,此时显示计算机的网络配置。

检查 IP 地址、子网掩码、默认网关、DNS 服务器地址是否正确。

(2) Ping 命令检查

利用 Ping 命令检查本机方法:在 DOS 窗口中输入命令"Ping 127.0.0.1",观察网卡是否能转发数据,如果出现"Request timed out"(请求超时),表明配置出错或网卡有问题。

利用 Ping 命令检查用户是否与同一网段的其他用户连通、是否与其他网段的用户连接正常、IP 地址是否与其他用户的 IP 地址发生冲突方法:Ping 某用户 IP 地址(如 10.144.1.235),看是否有数据包传回,观查与这个用户的连通性。Ping 某网站(如 www.baidu.com),查看与互联网的连接性。

(3) Nslookup 命令检查

用 Nslookup 测试 DNS 解析是否正确,在 DOS 窗口中输入"Nslookup",查看是否能解析。

3.2.3 无线/有线路由器的使用

1. 利用路由器、计算机搭建局域网

路由器一般有 5 个网线接口、4 个 LAN 接口用来连接局域网计算机,若 LAN 接口不够,可用交换机对接口进行扩展。1 个 WAN 接口用来接外网,以太网(或者家用宽带调制解调器)连接至该口。参看图 3-7 所示。

然后,接通路由器电源,按下路由器复位按键,将路由器复位(新购的路由器,第一次使用不用复位)。

2. 设置计算机 IP 地址

开启计算机,按 3.2.2 节中的 TCP/IP 协议设置方法,打开"Internet 协议版本 4(TCP/IPv4)"属性。选择"自动获得 IP 地址"和"自动获得 DNS 服务器地址",单击"确定"。

这里自动获得的 IP 地址是路由器提供的局域网的地址,如果事先知道路由器提供的局域网的地址,可以把计算机 IP 地址直接设置为分配的固定地址。

3. 设置路由器

(1) 登录路由器管理界面

查看路由器标牌上的路由器管理页面(或默认 IP 地址、用户名和密码),如图 3-13 所示。

在计算机网页浏览器地址栏输入路由器管理页面地址,然后按下回车键,打开路由器的登录页面,输入用户名和密码,进入路由器管理界面。

管理页面

图 3-13　路由器标牌实例

（2）路由设置

首先，在路由器设置界面点击路由设置，选择上网设置，设置 WAN 口参数，也可直接点击路由器设置向导。

其次，选择路由器上网方式，单位用户选择"固定 IP"，家庭用户选择基于以太网的点对点协议（PPPoE，Point to Point Protocol over Ethernet）。

然后，输入上网信息，单位用户输入由网络运营商提供的 IP 地址信息（可向指导教师咨询），家庭用户输入网络运营商提供给家庭的上网帐号和密码。设置好上网信息后，单击"保存"，如图 3-14 所示。

图 3-14　路由设置

最后，选择无线设置，根据实际情况设置无线局域网络的名称和密码。选中开启无线广播，并设置无线网名称（有的标识为 SSID）、上网密码，无线信道、模式、带宽等可采用默认设置，设置好后单击"保存"。无线局域网密码是用来保证无线网络安全，确保不被别人盗用的。

一般路由器设置完成后,单击"保存",路由器会自动重启,有的路由器需要单击"保存并重启"。

4. 路由器调试

(1) 路由器设置完成后,单击"保存",重启路由器,等待 1～2 分钟后,重新进入路由器管理页面,单击网络状态。

(2) 查看 WAN 口状态,检查路由器数据接收、发送情况,检查路由器设置是否成功。

(3) 查看 LAN 口状态,可以查看地址池 IP 地址范围,该选项主要是对路由器的 LAN 口参数进行设置。

MAC 地址是本路由器对局域网的 MAC 地址,此值不可更改。IP 地址是本路由器对局域网的 IP 地址,局域网中所有计算机的默认网关必须设置为该 IP 地址。需要注意的是,如果改变了 LAN 口的 IP 地址,必须用新的 IP 地址才能登录本路由器进行 Web 界面管理。如果所设置的新的 LAN 口 IP 地址与原来的 LAN 口 IP 地址不在同一网段的话,本路由器的虚拟服务器和隔离区 DMZ(Demilitarized Zone)主机功能将失效。如果希望启用这些功能,要重新对其进行设置。子网掩码是本路由器对局域网的子网掩码,一般为 255.255.255.0,局域网中所有计算机的子网掩码必须与此处设置相同。

DHCP 服务器设置。TCP/IP 协议设置包括 IP 地址、子网掩码、网关以及 DNS 服务器等,为局域网中所有的计算机正确配置 TCP/IP 协议并不是一件容易的事,而 DHCP 服务器提供了这种功能。如果使用路由器的 DHCP 服务器功能,我们可以让 DHCP 服务器自动替配置局域网中各计算机的 TCP/IP 协议。选择"DHCP 服务器"就可以对路由器的 DHCP 服务器功能进行设置。

(4) 将计算机 IP 地址设置为固定的 IP 地址(由路由器地址池提供的 IP 地址)。查看计算机上网情况,并用手机(或笔记本等无线终端)检查无线网络连通情况。

3.2.4　交换机的使用

1. 两台计算机通过一台交换机连接

(1) 与路由器 LAN 口连接的网线或连接以太网的网线接到交换机的其中一个接口,连接计算机 A 的网线和计算机 B 的网线分别连接交换机的任意两个接口。

(2) 开启计算机并配置网络属性。方法同前面 3.2.2 节 TCP/IP 配置所述。

(3) 接通交换机电源,测试两台计算机之间的连通性,方法同前面 3.2.2 节 TCP/IP 测试所述,查看计算机 A 和计算机 B 的网络连通情况。

2. 两台交换机级联

(1) 早期的交换机级联有专门的级联接口,现在的交换机级联直接采用通用接口。将一根网线两端分别接在交换机 A 和交换机 B 的通用接口上,与路由器 LAN 口连接的网线或连接以太网的网线接到交换机 A 的任意接口,计算机 A 的网线连接到交换机 A 的一个接口,计算机 B 的网线连接到交换机 B 的一个接口。

(2) 开启计算机并配置网络属性。方法同前面 3.2.2 节 TCP/IP 配置所述。

（3）接通交换机电源，测试两台计算机之间的连通性，方法同前面 3.2.2 节 TCP/IP
测试所述，查看计算机 A 和计算机 B 的网络连通情况。

3. 交换机设置

（1）连接计算机与交换机

交换机除了可以通过"Console"端口与计算机网线连接，还可以通过通用端口与计算
机网线连接。下面以华为 S1700 交换机为例，介绍交换机的设置方法。

华为 S1700 交换机 Web 网管客户端的默认地址为 192.168.0.1，出厂默认用户名为
admin，密码为 Admin@123。

先将计算机的网线接在华为 S1700 交换机通用接口上，然后，分别接通计算机电源、
交换机电源。

（2）登录交换机管理界面

首先，设置计算机 IP 地址（如 192.168.0.12），可以任意设置计算机 IP 地址，但需确
保计算机 IP 地址与交换机 IP 地址在同一地址段。

其次，打开 IE 浏览器，在地址栏中输入交换机 Web 网管客户端的默认地址（192.
168.0.1），按回车键，出现用户登录界面。

然后，输入出厂默认用户名和密码，进入交换机管理 Web 界面，如图 3-15 所示。

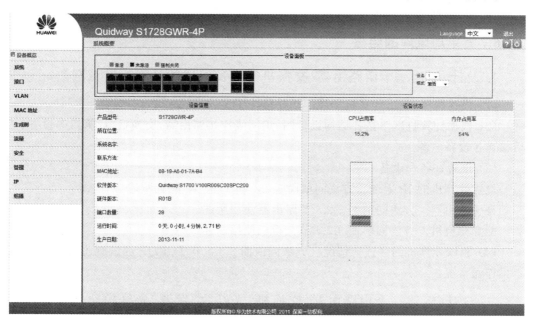

图 3-15　交换机管理 Web 界面

（3）设置交换机

Web 管理界面主要提供了系统、接口、虚拟局域网 VLAN（Virtual Local Area
Network）、MAC 地址、生成树、流量、安全、管理、IP 和组播等菜单项，单击菜单项，可以
根据提示进行交换机设置和参数修改。

3.2.5　光纤收/发器的使用

1. 实现交换机和计算机之间的互联

（1）在已连通好的交换机和计算机之间加入光纤收/发器。与交换机连接的网线接入光纤收/发器 A 的电信号口，一根光纤一端接入光纤收/发器 A 的发射口，另一端接入光纤收/发器 B 的接收口，再用一根光纤一端接入光纤收/发器 A 的接收口，另一端接入光纤收/发器 B 的发射口，与计算机连接的网线接入光纤收/发器 B 的电信号口。

（2）开启计算机，接通交换机、光纤收/发器电源。

（3）测试计算机网络连通情况。方法同前面 3.2.2 节 TCP/IP 测试所述，查看计算机上网连通情况。

2. 实现交换机之间的互联

在已连通好的交换机之间加入光纤收/发器，方法与上面交换机和计算机之间加入光纤收/发器类似。

3. 实现路由器和交换机之间的互联

在已连通好的路由器和交换机之间加入光纤收/发器，方法与上面交换机和计算机之间加入光纤收/发器类似。

3.2.6　简单局域网的组建

1. 设计、组建一个由路由器、交换机等设备组成的计算机局域网

（1）设计网络，画出计算机局域网拓扑结构图。

（2）根据计算机网络拓扑结构设计图，用网线连接路由器、交换机、计算机等设备，然后接通各设备电源。

（3）设置好各个设备

设置计算机的 IP 地址。方法同前面 3.2.2 节 TCP/IP 配置所述。

设置路由器。方法同前面 3.2.3 节路由器使用所述。

配置交换机。方法同前面 3.2.4 节交换机使用所述。

（4）测试计算机网络连通情况。方法同前面 3.2.2 节 TCP/IP 测试所述，查看计算机上网连通情况。

2. 设计、组建一个由路由器、交换机、光纤收/发器、光纤模块等设备组成的计算机局域网

（1）设计局域网，画出计算机局域网拓扑结构图。

（2）根据计算机网络拓扑结构设计图，用网线或光纤连接路由器、交换机、光纤收/发器、计算机等设备。

用光纤笔检查光纤是否正常，用好的光纤将光纤收/发器 A 与光纤收/发器 B 或光纤模块连接好。

（3）局域网设备连接完成后,接通各设备电源。

（4）设置计算机 IP 地址、设置路由器、配置交换机。方法同前面所述。

（5）测试计算机网络连通情况。方法同前面 3.2.2 节 TCP/IP 测试所述,查看计算机上网连通情况。

思 考 题

1.什么是计算机网络？根据网络的覆盖范围与规模,计算机网络可分为哪些类型？

2.什么是网络协议？Internet 最基本的协议是什么？什么是 IP 地址？如何设置计算机的 IP 地址？

3.计算机网络拓扑结构有哪些类型？各有哪些优缺点？

4.什么是双绞线？双绞线有何优点？如何制作网线 RJ-45 连接器？如何检测网线？

5.什么是光纤？光纤有何优点？

6.什么是路由器？路由器有何功能？一般路由器背板结构如何？如何连接 WAN 口和 LAN 口？如何设置路由器 WAN 和 LAN 参数？

7.什么是交换机？交换机有何功能？利用交换机如何将计算机的 IP 地址与其 MAC 地址绑定？

8.什么是光纤收/发器？光纤收/发器的应用有哪些？

9.局域网设计原则有哪些？如何设计局域网？

10.学校某办公室用路由器搭建了一个局域网,在办公室内有一台计算机网络不通,分析可能存在的至少 5 种故障原因及其处理方法。

第4章　常用局域网应用搭建

【学习导航】

【学习目标】

1. 认知目标

(1) 了解局域网的基本功能。

(2) 熟悉极域电子教室软件的功能。

(3) 了解还原卡的功能。

2. 技能目标

(1) 掌握局域网内文件共享、打印机共享的搭建方法。

(2) 掌握极域电子教室软件的安装与使用方法。

(3) 掌握网络机房网络同传的方法。

【实验环境】

1. 实验工具

网线钳一把,剪刀一把,网线测试仪一台。

2. 实验设备

一台路由器和数台计算机组成的局域网环境,打印机一台,HP 增霸卡,网络机房,含有相关软件的 U 盘。

3. 实验软件

打印机驱动软件,极域电子教室软件 v4.0 2015 豪华版,HP 增霸卡驱动光盘。

4. 实验材料

超五类双绞线数米,RJ-45 连接器(水晶头)若干。

4.1　基础知识

局域网应用是指局域网可以实现文件管理、应用软件共享、打印机共享、工作组内的日程安排、电子邮件和传真通信服务等功能。随着计算机技术的发展,网络给我们生活、学习、工作带来了许多方便,下面主要介绍局域网在学校教学活动中常见的应用。

4.1.1　文件共享

1. 什么是文件共享

文件共享是在互联网或局域网上让客户机共享主机的计算机文件。一般文件共享使用 P2P 模式,文件本身存放在主机上,通过共享客户机可以读、修改等权限对主机提供的共享文件进行操作。

2. 文件共享的类型

文件共享的类型有,通过 Windows 自带的文件共享功能、通过文件共享软件、通过网络硬盘等。

（1）Windows 自带的文件共享功能

在 Windows 操作系统环境下,我们可以使用 Windows 自带的文件共享功能,轻松实现访问主机上的共享文件,实现文件之间的相互交换使用,也可以实现不同用户帐户之间的文件夹共享。

首先,配置文件共享设置。当计算机安装好 Windows 操作系统,并将计算机接入互联网后,打开计算机控制面板→网络和共享中心,单击"更改高级共享设置",配置文件共享选项,如图 4-1。

其次,在主机上选择待共享的文件夹,设置帐户、密码等。

然后,在客户端访问主机,输入共享文件夹帐户、密码就可以共享主机上的共享文件了。

（2）文件共享软件

通过文件共享软件共享文件,需要在主机、客户端安装文件共享软件。常见的文件共享软件有 FreeEIM、IP Messenger、QQ 等。

FreeEIM 是一款整合式企业即时通信系统,它与外部互联网彻底隔绝,为企业提供各种基于内部网络的沟通方法,如语音通信、文件传输、消息发送等。在局域网内每台计算机上安装并运行 FreeEIM 即可,无须配置服务器。

IP Messenger 是一款局域网内即时通信软件,基于 TCP/IP 协议,无须服务器,传输速度快、支持多种传输方式,文字、语音、图片、文件夹、文件等均可使用 IP Messenger 官方版传输,方便快捷。

QQ 是腾讯公司开发的一款基于 Internet 的即时通信软件。QQ 不仅支持在线聊天、视频通话,还具有点对点断点续传文件、共享文件等多种功能。打开 QQ 主控面板,单击主菜单→设置,如图 4-2(a)所示,开启文件共享,如图 4-2(b)所示;然后再单击主菜

图 4-1　Windows 系统的文件共享设置

单→文件助手→我的共享→新建共享,如图 4-2(c)所示,设置共享名称和共享成员,在共享名称中添加共享文件等。查看好友共享文件,则单击主菜单→文件助手→好友的共享,就可查看共享文件。

　　(a)　　　　　　　　　　　(b)　　　　　　　　　　　(c)

图 4-2　QQ 实现文件共享

（3）网络硬盘

网络硬盘又称为网盘、云盘,是一种专业的互联网存储工具,它通过互联网为单位和个人提供信息的储存、读取、下载等服务。利用网络硬盘,用户可以通过互联网随时随地地存放数据、读取自己所存储的信息,若设置好友共享,好友就可以通过密码轻松共享网络硬盘上的文件。

单位内部服务器可以为本单位用户划分一定的磁盘空间,提供网盘服务。公众网盘有很多,有免费的也有收费的,如百度网盘、天翼云盘等。

4.1.2　打印机共享

1. 什么是打印机共享

打印机共享是指将本地打印机通过网络共享给其他用户,这样其他用户也可以使用打印机完成打印服务。

实现打印机共享有利于局域网中其他用户方便地使用打印机,从而实现了资源共享,充分地发挥硬件的利用率。

打印机是最常见的办公设备,但通常不是每一台计算机配置一台打印机。为了节省经费,一般一间办公室只配置一台打印机,办公室计算机通过局域网共享这一台打印机。

2. 打印机共享的网络环境要求

实现打印机共享的网络环境要求如下:

首先,在主机和客户机上都需要安装"文件和打印机共享"协议。一般 Windows 操作系统自带了文件和打印机共享协议,只需要我们勾选上。

其次,需要共享本地打印机的客户机与主机必须在同一个局域网内,且主机和客户机都有固定的 IP 地址。

再次,主机有防火墙和杀毒软件,会屏蔽访问,需要对防火墙和杀毒软件进行设置,或直接关闭防火墙和杀毒软件。

4.1.3　极域电子教室

1. 极域电子教室简介

极域电子教室是一种多媒体教学网络平台软件。它既无硬件版教学网投资大、安装维护困难、图像传输有重影和水波纹以及线路传输距离限制的弊病,同时又克服了其他同类软件版教学网广播效率低、语音延迟大、操作复杂、稳定性和兼容性差等方面的不足。极域电子教室支持 Windows 操作系统,允许在跨网段校园网上进行多频道教学,对各种网卡、声卡及显卡都能体现良好的性能,不会出现任何不稳定迹象,是一套集易用性好、兼容性强、稳定性高于一体的教学系统。

极域电子教室软件代表着一种信息化的教学模式,利用一套软件在现有的计算机网络设备上能够实现教师机对学生机的广播、监控、屏幕录制、屏幕回放、语音教学等操作,统一地进行管理与监控,利用计算机辅助教学活动的开展。此系统融合了数字化、网络化的理念,突破传统教室对时空的限制,实现了课堂教学中教师与学生、学生与学生间的交流互动和信息化教学模式。

2. 极域电子教室软件主要功能和操作方法

图 4-3 所示是极域电子教室软件 v4.0 2015 豪华版主界面图。主界面上方是工具按钮,左下方显示学生机状态,其中屏亮表示学生机已与教师机连接,屏幕不亮表示学生机

未开机或未与教师机连接,右下方是信息区。下面详细介绍各功能的作用和操作方法。

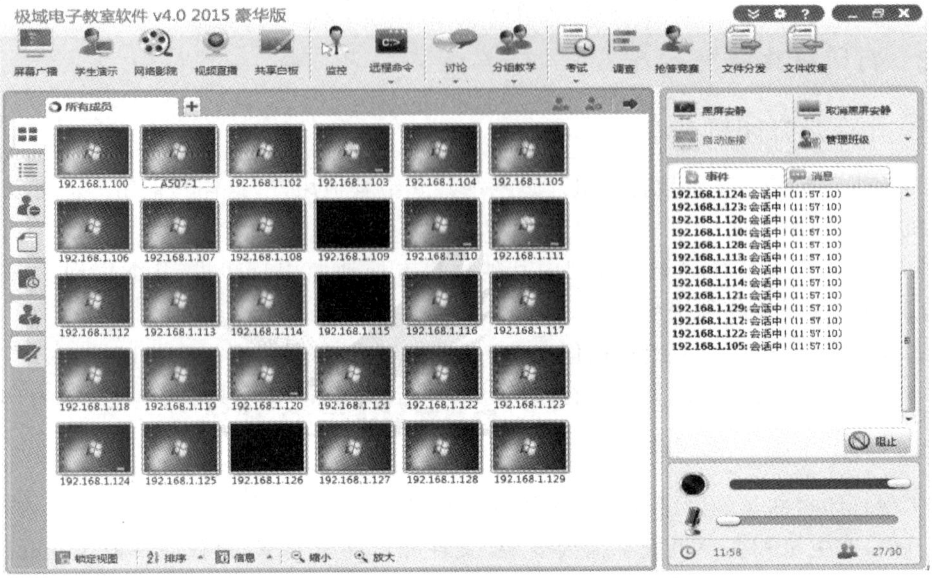

图 4-3　极域电子教室软件 v4.0 2015 主界面

(1) 广播教学

广播教学功能可以将教师机屏幕和教师讲话实时传送至学生机。可对单一、部分、全体学生广播。广播教学过程中,可以请任何一位已登录的学生发言,此时所有广播接收者在接收到教师广播教学的同时接收该学生发言。广播教学过程中可以随意控制单一、部分、全体学生机停止或开始接收广播。

特性:支持窗口和全屏幕广播。完美广播各种 2D 及 3D 画面。

操作方法:直接双击图形按钮区的"广播教学"。在"班级模型显示区"单击右键,选择"全体广播";或选择需要对其广播的学生机,然后单击"屏幕广播",对部分学生广播。

注意事项:全屏幕广播会锁定学生键盘和鼠标。窗口广播不会锁定学生键盘和鼠标,学生可以自由滚动广播屏幕。教师可以远程遥控指导。

(2) 学生演示

教师可选定一台学生机作为示范,由此学生代替教师进行示范教学,该学生机屏幕及声音可转播给其他所选定的学生。在演示过程中,教师与此学生允许对讲,教师可以遥控此学生机并同时演示给其他学生观看。

特性:方便教师指定学生进行示范,在示范的过程中教师可以遥控辅导学生。

操作方法:选定学生机,单击"学生演示"按钮;在"班级模型显示区"单击右键,选择相应功能。

(3) 监控转播

教师机可以监视单一、部分、全体学生机的屏幕,可以控制教师机监控的同屏幕各窗口间、屏幕与屏幕间的切换速度。可手动或自动循环监视。

特性:支持多个学生屏幕的监控,有效地帮助教师针对学生学习情况的监管。

操作方法：选定学生机，单击主界面上的"监控转播"按钮。

注意事项：监控只是教师监看学生屏幕，转播是将选定的学生屏幕广播给其他所有学生。

（4）屏幕录制

教师机可以将本地的操作和讲解过程录制为一个视频文件供以后回放，这样教师可实现电子备课。也可以将广播教学过程录制为一个视频文件。

操作方法：单击功能按钮，从"班级模拟显示区"的右键菜单选择。

注意事项：进行录像时要注意文件的存放的路径，方便以后使用和编辑。在广播时单击屏幕右上方的弹出菜单中的"录制"即可实现将广播教学内容录制为可回放文件。

（5）联机讨论及分组教学

联机讨论功能可以选择全体学生进行讨论，也可以动态地分组，将全班学生分成几个组进行讨论，每个组相互不干扰。教师可以随时新增分组、删除分组。

分组教学功能强调的是由教师分派组长执行指定的功能。教师可以通过分组教学功能将学生任意分组，可以随时新增分组、删除分组。

特性：有效地将学生组织起来，让学生开展协作学习。

操作方法：与前面功能类似。

注意事项：联机讨论和分组教学时要选择相应的学生进行分组。

（6）文件分发与作业提交

文件分发允许教师将教师机不同盘符中的目录或文件一起发送至单一、部分、全体学生机的某目录下。若学生机上该目录不存在则自动新建此目录，若盘符不存在或路径非法则不允许分发，若文件已存在则自动覆盖原始文件。

作业提交允许学生将学生机的目录或作业指定发送至所选教师机的某目录。通过作业提交，学生可以将完成的作业提交给教师。

特性：教师可以方便地分发电子文档和各种教学资料，学生端可以提交作业，教师可以批阅作业。

操作方法：文件分发→单击按钮→右键菜单。作业提交，在学生机右键单击任务栏中的学生机图标，单击"作业提交"。批阅作业，在教师机右键单击"班级模拟显示区"空白处，选择"作业提交"，再选"查看提交作业"。

注意事项：文件分发时要选择学生机存放目录。同时在系统设置中指定学生作业提交的存放目录。

（7）网络影院

网络影院可以使教师机播放视频文件的同时对学生机进行广播，不但支持 VCD 文件，而且无须安装第三方软件或插件即可广播 DVD 文件。可以选择一个或多个视频文件进行播放，在播放过程中可以进行切换全屏与窗口、快进、快退、拖动、暂停、停止等操作，可拖动进程条，可切换循环播放与单向播放，可以调节音量与平衡。广播过程中，可以随意控制单一、部分、全体学生机停止或开始接收广播。

特性：可以窗口播放和全屏播放，灵活方便切换循环播放与单向播放，可以调节音量与平衡。

操作方法：单击"网络影院"按钮。

注意事项：使用网络影院时，可以控制任何已登录但未接收网络影院的学生机开始接收网络影院。

（8）电子抢答

教师可以通过"电子抢答"的功能来达到让学生抢答的目的。当教师机选择开始抢答时，学生可按抢答按钮进行抢答。当教师选择某学生发言时，该学生可在语言框中输入信息回答题目，也可通过语音答题。学生机还可以选择打开按钮，选择已经存好的文本文件进行回答。

特性：教师可以通过此功能使课堂更有活力，激发学生学习积极性。

操作方法：单击主界面的"电子抢答"按钮。

注意事项：教师一次只能让一个学生回答问题。

（9）电子点名

教师可以通过让学生签到来实现电子点名。通过电子点名教师机的主界面的学生机的名称将会变成学生签到的姓名。电子点名列表可被保存，备以后查看。

操作方法：在教师机主界面右键单击"班级模拟显示区"空白处，选择"电子点名"。

（10）其他功能

其他的一些功能是比较少用，也比较容易设置的。比如，远程控制可以对学生机进行关机、重启、退出等操作。远程设置可以对学生机进行分辨率的设置、显示色彩的设置等。

4.1.4　还原卡

1．什么是还原卡

还原卡全称硬盘还原卡，是用于保护计算机操作系统的一种 PCI 扩展卡。每一次开机时硬盘还原卡总是让硬盘的部分或者全部分区能恢复原来的内容，也就是说，开机后任何对硬盘被保护分区的修改都是无效的，这样就起到了保护硬盘原来数据的作用。

还原卡对于维护在公共环境使用的计算机有很大的价值，广泛应用于学校的网络机房、电子阅览室等。所以，还原卡产品逐渐成为学校网络机房标准配置，许多品牌 PC 在针对学校的机型当中集成了还原卡。

2．还原卡的工作原理

还原卡分普通还原卡和新型还原卡两种类型。

（1）普通还原卡

普通还原卡，物理上不直接接管硬盘读写。如增霸卡、海光蓝卡、小哨兵还原卡、三茗还原卡、热带雨林系统还原卡等。产品是一个扩展卡，但是跟硬盘没有直接的关系。

普通还原卡安装在主板插槽里，在卡上有一片 ROM 芯片，根据 PCI 规范该 ROM 芯片的内容在计算机启动时将最先得到控制权，然后它接管 BIOS 的 INT13 中断。将 FAT、引导区、CMOS 信息、中断向量表等信息都保存到卡内的临时储存单元中或是在硬盘的隐藏扇区中，用自带的中断向量表来替换原始的中断向量表；再另外将 FAT 信息保存到临时储存单元中,用来应付我们对硬盘内数据的修改;最后是在硬盘中找到一部分连续的空磁盘空间,将我们修改的数据保存到其中。这样,只要是对硬盘的读写操作都要经过还原卡的保护程序进行保护性的读写,每当我们向硬盘写入数据时,其实只是完成了写入到硬盘的操作,可是没有真正修改硬盘中的 FAT,而是写到了备份的 FAT 表中,这就是为什么系统重启后所有修改都无效的原因。

普通还原卡都需要在操作系统之上提供过滤驱动程序来实现还原算法的执行。过滤驱动在操作系统之上是一个所有软件都可以去争夺的控制权,因此,普通还原卡不可避免地不能保证所有还原都可靠。很多病毒,如机器狗类病毒本质就是破坏或绕开过滤驱动来实现还原的穿透。

(2)新型还原卡

新型还原卡,物理上直接接管硬盘读写。这种新型还原卡跟普通还原卡在原理上已经有了很大的不同,首先不完全依靠 BOOT ROM 来取得控制权了,而是总线硬件直接获得控制权,这样更可靠地获得对计算机数据资源的控制;另外因为直接控制了硬盘的物理读写能力,这样可以实现硬盘硬件读写的驱动和还原算法合二为一,也就是没有普通还原卡的过滤驱动了,这样就彻底避免了普通还原卡还原不可靠的问题。

3. 还原卡的主要功能

(1)操作系统还原

这是还原卡的基础功能,也是还原卡名称的由来。由于还原卡能够有效地使硬盘的数据保持在设置为保护时的状态,这对于学校网络机房的维护非常有用。因为,每堂课学生在保护区所做的修改在重新启动之后都将恢复原样,下一堂课的系统软件环境依然是全新的。

(2)机房软件部署

由于还原卡大量使用在公共机房环境,而如何为公共机房的批量计算机安装操作系统和应用软件就是管理人员面临的一个难题。因此,还原卡都具备网络拷贝功能,类似于网络 Ghost,先在一台计算机上安装所需的系统和软件,然后通过网络复制到所有计算机上。还原卡的网络拷贝功能出现得比网络 Ghost 更早。由于还原卡启动时能够先得到控制权,因此进行网络拷贝不需要像 Ghost 要准备服务器做好映像,而是直接就可以使用,非常方便。

由于硬盘容量越来越大,有的软件很大,进行一次网络拷贝需要很长的时间,而在机房管理的过程中往往只是更新了很少一部分软件。因此,厂商对网络拷贝进行了改进,能够只拷贝发生了变化的数据,从而大大提高了拷贝的效率。不过该技术推出时并不成熟,从最初的增量拷贝发展到变量拷贝直到差异拷贝,才基本完善。

从操作方式上,网络拷贝也从 DOS 平台逐渐转换到 Windows 平台,在操作的人性化上,得到了很大的提升。平台的转换也大幅提升了网络拷贝的速度。一线的产品一般能够达到百兆环境平均 600M/分钟,千兆环境平均 2G/分钟左右,而且能够支持断点续传。

（3）软件统一注册

由于网络拷贝以后，所有计算机的硬盘数据都是一致的，这会导致在不同机器上需要使用不同序列号的软件不能正常使用，从而需要在每台单机上重新注册，这无疑将增加用户的工作量，并大大限制了网络拷贝或差异拷贝的使用。软件统一注册功能就是为了解决这个问题而设计的，它能够记住每台计算机的软件序列号，在拷贝完成后自动将对应的序列号更改正确，避免了重复注册的工作。

（4）单机多系统环境

学校计算机实验室往往承担着各种教学任务，需要各种不同的教学环境，要求在一台计算机上安装多个操作系统。一般还原卡都支持多操作系统功能，并且互相隔离，互不影响。部分还原卡厂商借鉴了虚拟机当中的快照原理，能够基于一个操作系统快速创建出多个系统环境，满足不同的教学需要，减少了硬盘空间占用，减少了操作系统重复安装的工作。

（5）远程管理学生机

随着还原卡成为学校网络机房维护和管理的必备品，其功能扩展已经开始涉及在教学过程中对学生进行各种管理，包括网络控制、程序限制、流量限制、端口控制、屏幕监控等。

总之，还原卡已经从单一的系统保护功能逐渐扩展，实质上成为网络机房维护和综合管理的全能工具。

4. 还原卡的选择

组建网络机房、电子阅览室等尽量选择集成了还原卡功能的计算机，若需要另外配置还原卡按下面方法选配。

首先，选择兼容性好的还原卡。由于操作系统、主板类型的不同，以及安装的各种软件，不可能保证还原卡百分之百地与主机兼容。选配还原卡时一定要注意是否全面支持DOS、Windows等常见操作系统，并让系统在真正的系统环境下工作，而不是兼容方式。

其次，是否完全不占系统中断请求 IRQ（Interrupt Request）及 I/O 资源，有无硬件及软件相冲突的问题；最大支持硬盘的数量。

再次，除了最基本的硬盘保护功能，很多还原卡还拥有其他功能，如 BIOS 数据保护，网络同传系统，网络维护，多重引导分区，软件升级等，根据需要选择具有这些功能的还原卡，方便网络机房的维护和管理。

4.2 实验操作

4.2.1 文件共享搭建

通过 Windows 自带的文件共享功能设置文件共享方法如下。

1. 主机设置

（1）组建带共享的文件夹

在计算机（主机）上必须选择好需要与其他计算机（客户机）共享的文件，组建一个待共享的文件夹。

（2）设置文件共享

首先，在主机上选择已建好的文件夹单击右键，单击"属性"，选择"共享"，打开文件共享对话框设置文件共享。然后，单击更改共享权限→设置用户名、权限、密码等→单击共享，如图 4-4 所示。

图 4-4　文件共享设置

在主机上查看这个文件夹，会看到这个文件夹上已经有了一个共享文件的标志，说明在网络上设置共享文件夹已经成功。

2. 客户端查看

（1）访问主机

在客户机上，单击开始→运行，在命令框输入"\\主机的 IP 地址（或主机名）"，如主机的 IP 地址为"192.168.0.100"或主机名为"teacher"，单击"确定"后，就可看到主机上的共享文件夹。如果弹出登录框，就输入主机开机时登录 Windows 用的用户名和密码。

也可以在客户机上双击网络→计算机主机名，或者在客户机上打开资源浏览器，在地址栏输入"\\主机的 IP 地址（或主机名）"，查看共享文件夹。

（2）查看共享文件

在客户机上双击共享文件夹图标，就可查看主机上共享的文件。

4.2.2　打印机共享搭建

1. 打印机共享环境搭建

（1）配置网络协议

在主机上打开本地连接属性，勾选"Microsoft 网络的文件和打印机共享"，若无此协议则需要单击安装→协议→添加→文件和打印机共享，选择安装程序进行安装，如图 4-5 所示。

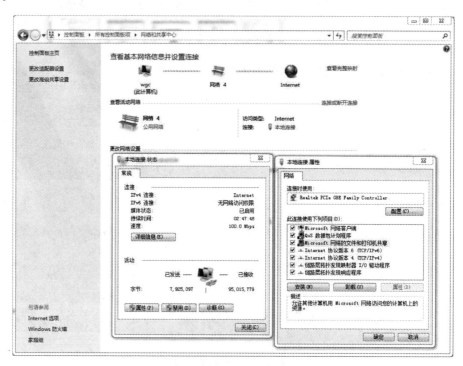

图 4-5　配置"文件和打印机共享"协议

在客户机上，与主机一样配置好网络协议，即打开本地连接属性，勾选"Microsoft 网络的文件和打印机共享"。

（2）主机和客户机连网

将主机和客户机接入同一个局域网，并分别设置好主机和客户机的固定 IP 地址，检查主机和客户机的网络连通性。

（3）启用打印机共享

在主机上，打开网络共享中心→更改高级共享设置，启用文件和打印机共享，参见图 4-1。设置好主机上的防火墙和杀毒软件，确保客户机能访问主机。

2. 在主机上安装网络打印机

（1）在主机上安装打印机（参考 1.2.2 节打印机安装）

首先，将打印机数据线连接至主机，打开打印机电源。主机自动检测到已经连接好的打印机。其次，利用随机配套的光盘或网上下载打印机的驱动程序，在主机上安装好打印机驱动程序。然后打印测试页,检查打印机安装是否正确。

　　注意:有的打印机先安装驱动程序,根据安装时的提示界面,连接打印机至主机数据线,然后开启打印机电源,完成打印机的安装。

　　在主机上安装好打印机后,在控制面板→设备和打印机便出现该打印机的图标,如图 4-6 所示 HP LaserJet Professional P1106 打印机图标。

图 4-6　主机上安装打印机

　　(2)设置打印机共享

　　首先,在主机上打开控制面板→设备和打印机,出现新安装的打印机图标。

　　其次,右击新安装的打印机图标,单击打印机属性,打开打印机的属性对话框。

　　然后,在打印机属性对话框中,单击"共享"选项卡,选择"共享这台打印机",并在"共享名"输入框中填入打印机的共享名称,单击"应用",单击"确定"按钮完成主机打印机共享的设置。

3. 在客户机上安装网络打印机

　　首先,搜索网络打印机。在客户机上打开控制面板→设备和打印机,单击添加打印机→选择添加网络打印机,客户机开始搜索可用网络打印机。

　　其次,客户机搜索到共享网络打印机后,单击"下一步",这时客户机开始安装网络打印机。

　　客户机自动安装完成后,打印测试页检查网络共享打印机安装是否正确。

4.2.3　极域电子教室安装与使用

　　下面以极域电子教室软件 v4.0 2015 豪华版为例,介绍极域电子教室安装与使用。

1. 安装教师机

（1）确认教师机网络连接正常，且与学生机在同一个局域网。

（2）将极域电子教室软件 v4.0 2015 豪华版光盘放入光驱或把极域电子教室软件拷贝到教师机，打开软件，双击运行程序 Teacher.exe，出现极域电子教室软件教师机安装对话框界面。

（3）在安装界面对话框，单击"下一步"，出现"最终用户许可协议"对话框，选择接受许可协议，单击"下一步"，继续安装；如果不同意许可协议，单击"取消"，退出安装。出现"极域电子教室软件自述文件"对话框，阅读自述文件，单击"下一步"。出现"目标文件"对话框，单击更改，设置软件安装位置，单击"下一步"，也可以直接单击"下一步"，按默认位置安装。出现"选择开始菜单快捷方式文件夹"对话框，确认后，单击"下一步"。系统开始拷贝文件到设置的目标文件夹下，拷贝完成后，出现极域电子教室软件安装进度信息。

（4）完成安装后，单击"完成"，出现"是否重启计算机"对话框，选择"是"，重启计算机。重启计算机后，在教师机桌面会生成"教师机程序"快捷方式。如果选择不重启计算机，可能会造成极域电子教室软件一些功能正常不能使用。

2. 安装学生机

（1）确认学生机网络连接正常，且与教师机在同一个局域网。

（2）将极域电子教室软件 v4.0 2015 豪华版光盘放入光驱，或把极域电子教室软件拷贝到学生机，打开软件，双击运行程序 Student.exe，出现极域电子教室软件学生机安装对话框界面。

（3）在安装界面对话框，单击"下一步"，出现"最终用户许可协议"对话框，选择接受许可协议，单击"下一步"，继续安装；如果不同意许可协议，单击"取消"，退出安装。出现"极域电子教室软件自述文件"对话框，阅读自述文件，单击"下一步"。出现"目标文件"对话框，单击更改，设置软件安装位置，单击"下一步"，也可以直接单击"下一步"，按默认位置安装。出现"选择开始菜单快捷方式文件夹"对话框，确认后，单击"下一步"。出现"卸载密码"对话框，输入设置的密码，单击"下一步"；设置卸载密码是为了防止学生随意卸载学生端程序，从而达到逃避教师上课的目的。系统开始拷贝文件到设置的目标文件夹下，拷贝完成后，出现极域电子教室软件安装进度信息。

（4）完成安装后，单击"完成"，出现"是否重启计算机"对话框，选择"是"，重启计算机。重启计算机后，学生端程序自动运行，并在学生计算机的任务栏中出现学生机程序图标。

3. 极域电子教室的使用

（1）开启教师机，双击计算机桌面的极域电子教室教师机快捷方式，运行极域电子教室程序。首次运行，需要创建帐户，并在线注册。

（2）创建帐户并完成注册后，运行极域电子教室软件，出现系统登录对话框。输入设置的教师名称、登录密码、频道号，单击"登录"按钮，进入极域电子教室教师机管理界面，参见图 4-3。

（3）开启学生机，极域电子教室学生机程序会自动登录到教师机。极域电子教室教师机管理界面显示学生机登录的状态图标，已登录的学生机处于亮的状态；如果学生机没有登录，则处于黑色状态。

（4）在已登录的学生机中，选中需要管理的学生机，单击"工具"按钮，就可以进行相应功能的操作。

4.2.4　网络机房的计算机软件系统安装与维护

网络机房计算机可配置主板集成了还原卡的计算机，也可以为计算机配置独立的还原卡，独立还原卡使用与集成还原卡类似。下面以集成还原卡即集成了 HP 增霸卡的 HP 计算机为例介绍网络机房的计算机软件系统安装与维护。

1. 安装与维护准备

在网络机房中，搭建好局域网，所有计算机接入局域网络，各计算机 BIOS 设置中将 HP Clone Rom（如在 Onloard LAN BOOT ROM 选择此项）打开，BIOS 设置中的启动顺序设置光驱为第一引导，准备好计算机配套的 HP 增霸卡驱动光盘，选取一台计算机作为发送端，其余计算机为接收端。

2. 安装与维护发送端

（1）第一次安装增霸卡

开启发送端，计算机自检后，出现增霸卡第一次安装界面。插入增霸卡驱动光盘，单击按钮"开始安装"，进入"选择安装方式"界面，如图 4-7 所示

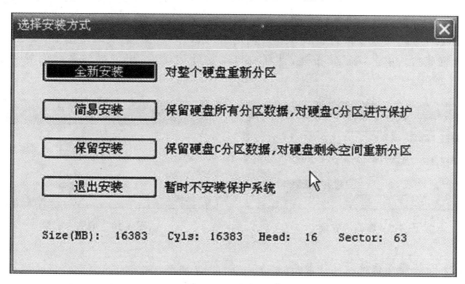

图 4-7　增霸卡安装

如果在使用增霸卡前计算机已经安装了操作系统，并且不希望重新安装操作系统，在安装增霸卡时，可以选择安装方式"简易安装"或"保留安装"。选择"全新安装"，则可重新划分硬盘分区，如图 4-8 所示。

序号	属性	分区名称	容量(MB)	文件系统	还原方式	暂存区(MB)
1	A ▼	Win2k	4996	FAT32 ▼	每次还原 ▼	1004
2	P ▼	Win2k	4996	FAT32 ▼	随启动盘 ▼	
3	P ▼	Win2k	5334	FAT32 ▼	每次清除 ▼	
4	H ▼			FAT32 ▼	不使用 ▼	
5	H ▼			FAT32 ▼	不使用 ▼	
6	H ▼			FAT32 ▼	不使用 ▼	

磁盘容量(MB)：16336　　剩余空间(MB)：0

分区属性说明：

A:立即还原型启动分区　　B:备份还原型启动分区　　C:不还原型启动分区

P:专属分区(分区名称需要和所对应启动分区名称一致)

S:共用分区(对所有的启动分区可见)　　H:隐藏分区

注:启动分区的名称不能相同,一个操作系统不能超过10个分区!

确定　　　　　取消

图 4-8　增霸卡全新安装时磁盘分区

确认分区信息无误后,单击"确定"按钮,选择"设备类型"(增霸卡系统会自动检测出用户所用计算机的网卡,如果用户安装有多个网卡,并且这些网卡是增霸卡系统支持的,用户也可以自行选择),如图 4-9 所示。

选择对应的硬盘接口类型后,单击"确定"按钮,计算机开始安装增霸卡,安装完成后提示安装成功。单击"确定"按钮,计算机自动重新启动后,出现操作系统引导界面,如图 4-10 所示。

图 4-9　增霸卡安装

图 4-10　增霸卡安装

(2) 安装操作系统及应用软件

操作系统安装具体安装步骤与常规安装方式相同,参见 2.2.2 节,这里不再赘述。需要注意的是增霸卡安装时已对操作系统进行了分区规划,所以操作系统安装的过程中不能再对分区大小进行变更,直接选择安装在 C 盘即可。

安装完操作系统和所有应用软件之后,将逻辑盘进行格式化(分区格式尽量要与前面分区格式保持相同),并做好 IP 和子网掩码、网关、DNS 等网络配置。

（3）第二次安装增霸卡

在操作系统环境中，将增霸卡驱动光盘放入光驱，在光盘目录中找到驱动的安装文件，双击安装文件，运行安装程序，选择安装目录（选择受保护的分区，建议安装在 C 盘上），安装完成后，选择立即重启计算机。

（4）设置增霸卡

计算机重启后，进入增霸卡管理界面，设置好管理员密码。

系统工具设置开机顺序、待机设置、需保护的磁盘分区及还原方式，如图 4-11 所示。

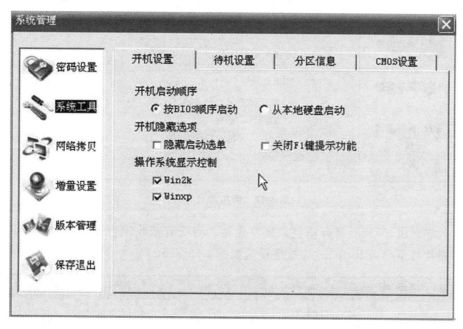

图 4-11　系统工具管理

网络拷贝设置本机名称、本机 IP 地址、拷贝模式、增量设置等，如图 4-12 所示。

网络拷贝模式 1 是稳定传输模式，特点有传输速度稳定，网络环境适应性好，为缺省模式；网络拷贝模式 2 是高速传输模式，特点是传输速度快并且稳定，尤其在 30 台以上规模传输能够保证传输速度；网络拷贝模式 3 是增强校验型传输模式，适用不同网络环境和不同交换机的模式，对于网络环境引起的传输不稳定有很强的校验和纠错能力，使用此模式传输时会进行数据检查保证数据传输的正确性、完整性，但是速度相对会减慢一些。

3. 网络拷贝接收端

（1）网络安装接收端底层驱动

开启发送端，进入增霸卡系统管理界面，选择网络拷贝，参见图 4-12。单击"网络拷贝"按钮，进入发送/接收选择界面，选择"发送端"，单击"确定"按钮，进入发送端界面，单击"等待登录"，发送端等待接收端的登录。

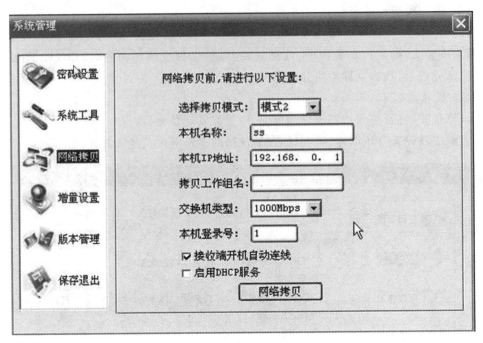

图 4-12　网络拷贝管理

接收端开机,开机后会自动登录到发送端。当所有接收端登录到发送端后,在发送端的网络拷贝主界面下,单击"完成登录",如图 4-13 所示。

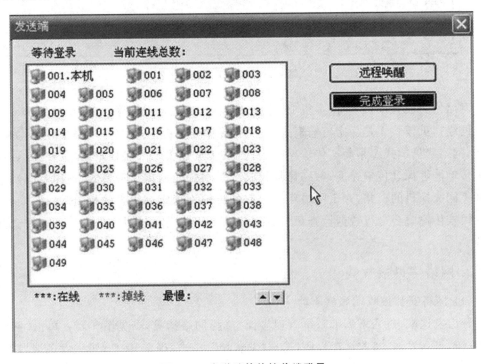

图 4-13　发送端等待接收端登录

接收端登录发送端有三种情况：一、增霸卡没有安装底层驱动，能够自动响应主控端的登录请求，自动登录发送端；二、已安装了增霸卡底层驱动(安装方法与发送端第一次安装增霸卡方法相同)，且开启了"接收端开机自动连线"功能，那么在开机后引导操作系统之前，会自动登录发送端；三、已安装了增霸卡底层驱动，但没有开启"接收端开机自动连线"功能，可以使用快捷键"F9"连接。或者，进入接收端增霸卡系统管理界面选择网络拷贝→单击网络拷贝→选择接收端→单击确定，等待登录到发送端。

在发送端单击"完成登录"，单击"发送数据"进入发送数据界面，如图 4-14。缺省项是网络安装接收端，单击"确定"开始安装，安装完成后，接收端会自动重启。

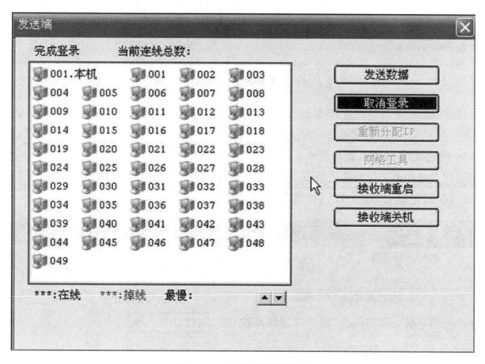

图 4-14　发送端发送数据

（2）配置接收端 IP 地址和计算机名

在发送端重新"等待登录"所有机器，单击"完成登录"后选择"接收端关机"关闭所有机器。然后，在发送端"等待登录"，按机房布置所需要的顺序逐台手动开启接收端，接收端依次登录到发送端，这样接收端的连线号就是我们的开机顺序号。

所有接收端完成登录后，单击"重新分配 IP"，出现分配 IP 界面，手动或自动分配好接收端的计算机名和 IP 信息，如图 4-15 所示。

单击"自动分配"为所有登录的接收端自动分配本网段的 IP 地址、计算机名称。如果需要锁定本次连线分配信息，勾选"锁定当前分配信息"，然后单击"确定"，以后接收端将按照锁定的号码登录到发送端，不需要再进行 IP 分配。自动分配功能是以连线号为 1 的机器的计算名和 IP 地址为基准的，如果没有连线号为 1 的机器登录上来，则不能使用自动分配功能，手工修改所需要的机器即可。接收端重新启动之后，会自动引导被拷贝

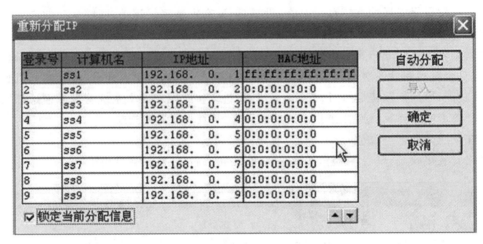

图 4-15 配置接收端 IP 和计算机名

完成的操作系统进入系统进行本地设置；本地设置自动修改完成后，系统会再次自动重新启动。

（3）传送操作系统数据

单击"发送数据"进入发送数据选择界面，此时可以选择发送全部操作系统或者是单个操作系统的分区，如图 4-16。选择好发送对象后，单击"确认"开始传送数据。

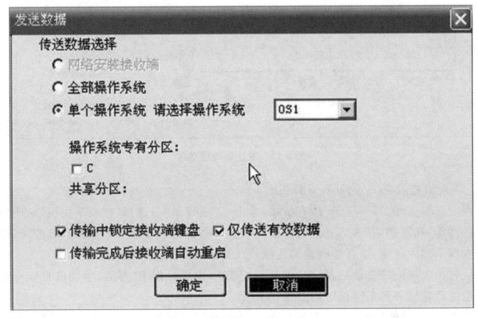

图 4-16 传送操作系统数据

传输完成后，在发送端界面单击"接收端重启"，让接收端重启自动更新。

若网络机房系统软件进行了增量安装等维护，则网络拷贝选择增量拷贝。若在网络拷贝等系统安装与维护时，机房突然断电，或者发送端突然出现死机，或者接收端突然出现死机掉线,或者传输数据量比较大,用户有特殊情况需要终止网络传输,则可使用断点续传。

思　考　题

1. 什么是文件共享? 文件共享主要类型有哪些?

2. 如何通过 Windows 自带的文件共享功能设置共享文件?

3. 什么是打印机共享? 打印机共享对网络环境有何要求? 如何搭建打印机共享环境?

4. 如何安装共享打印机?

5. 什么是极域电子教室? 极域电子教室有哪些功能?

6. 如何安装极域电子教室?

7. 如何操作使用极域电子教室? 如何修改极域电子教室学生机班级频道?

8. 什么是还原卡? 还原卡有哪些主要功能? 如何安装还原卡?

9. 如何设置还原卡还原操作系统? 如何通过还原卡安装网络机房的计算机软件系统? 网络拷贝时,如何设置网络机房各个计算机的 IP 地址?

10. 某办公室设置了打印机共享,现在一客户端不能打印文件,分析不少于 5 种故障原因及处理方法。

第5章 服务器的安装与维护

【学习导航】

服务器的安装与维护
- 基础知识
  - 服务器概述
  - 服务器系统
  - 服务器类型
  - 服务器选配
  - 磁盘阵列 RAID
  - 服务器的日常维护
- 实验操作
  - RAID 5 制作
  - 服务器系统安装
  - 服务器常见故障分析与处理

【学习目标】

1. 认知目标

(1) 了解服务器硬件组成及功能、特性、常见类型。

(2) 了解服务器与一般计算机的结构差异。

2. 技能目标

(1) 掌握 RAID 制作方法。

(2) 掌握服务器系统安装方法。

(3) 能够处理服务器常见故障。

【实验环境】

1. 实验工具

大小一字磁性起子各一把,大小十字磁性起子各一把,尖嘴钳一把,镊子一把,剪刀一把,网线测试仪一台。

2. 实验设备

一台路由器和数台计算机组成的局域网环境,DELL Power EdgeR320 机架式服务器一台,500 G(约 465.66 GB)硬盘三块,显示器一台,USB 接口鼠标和键盘一套,含有相关驱动软件的 U 盘。

3. 实验软件

Windows Server 2008 系统光盘,RAID 驱动软件,服务器配套驱动软件(如:板载网卡驱动、Intel 芯片组建网络架构、Intel 芯片组设备软件、Intel 管理引擎组件)。

4. 实验材料

超五类双绞线数米,RJ-45 连接器(水晶头)若干。

5.1　基础知识

5.1.1　服务器概述

1. 什么是服务器？

服务器是网络环境下能为网络用户提供集中计算、信息发布及数据管理等服务的专用计算机。从广义上讲,服务器是指网络中能对其他机器提供某些服务的计算机系统。从狭义上讲,服务器是专指某些高性能计算机,能够通过网络对外提供服务。

服务器作为网络的节点存储处理网络上 80% 的数据信息,因此也被称为网络的灵魂。服务器不仅为客户端计算机提供各种信息处理服务,而且它在网络操作系统的控制下将与其相连的硬盘、打印机、各种专用通信设备提供给网络上的客户站点共享。服务器的高性能主要体现在高速度的运算能力、长时间的可靠运行、强大的外部数据吞吐能力等方面。

2. 服务器的硬件构成

服务器的硬件构成与普通计算机基本相似,有处理器、硬盘、内存、系统总线等,但是这些硬件性能指标比普通计算机高,有的还有磁盘阵列,另外服务器的电源功率比普通计算机大得多,它们是针对具体的网络应用特别定制的,因而服务器与普通计算机在处理能力、可靠性、安全性、可扩展性、可管理性等方面存在很大差异。尤其是随着信息技术的进步,网络的作用越来越明显,对信息系统的数据处理能力、安全性等的要求也越来越高,如电子商务的关键商业数据的安全等等。

处理器 CPU 的类型、主频和数量决定着服务器的性能。目前,由于 IA（Intel Architecture）架构的服务器采用开放体系结构,因而受到了国内外服务器厂商的青睐,并以较高的性能价格比而得到广泛的应用。Intel 现在生产的 CPU 中主要分为 3 类,奔腾 4（Pentium 4）系列、至强（Xeon）系列和安腾 2（Itanium 2）系列。其中 Pentium 4 主要面向 PC,对多处理器支持不够好,适用于入门级服务器。Xeon 作为服务器专用 CPU,除了拥有超线程技术外,还集成三级高速缓存体系结构,Xeon 支持两个 CPU,Xeon MP 则支持 4 个以上,适用于工作组和部门级服务器。Itanium 是与其他 CPU 完全不同的 IA-64,可用于处理大型数据库,进行实时安全交易等应用,适用于企业级服务器。

服务器内存比普通 PC 内存要严格得多,它不仅强调速度,还要求纠错能力和稳定性。目前服务器上也有使用同步动态随机存储器（SDRAM,Synchronous Dynamic RAM）内存的,但大部分服务器都使用采用 ECC 专用内存。内存选择要根据实际使用情况和服务器本身所能配置的最大内存来确定,因为服务器在工作时,会占用很多内存,所以应配置大一些。特别是对于数据库服务、Web 服务等而言,内存容量尤其重要。通常入门级服务器的内存不应该小于 512 MB,工作组级的内存不小于 1 GB,部门级的内存不小于 2 GB。

磁盘阵列 RAID 是一种把多块独立的物理硬盘按不同方式组合起来形成一个逻辑

硬盘组,从而提供比单个硬盘更高的存储性能和提供数据冗余的技术。而 RAID 卡就是用来实现 RAID 功能的板卡,通常是由 I/O 处理器、SCSI 控制器、SCSI 连接器和缓存等一系列组件构成的。RAID 卡可以有效地提升存储系统的数据传输速率并降低 CPU 占用率。由于价格的限制,SCSI RAID 卡在入门级服务器中还是很少采用的,但入门级服务器可采用廉价的 IDE RAID 卡以实现相似的功能。

IDE 硬盘由于价格便宜而性能也不差,因此在 PC 上得到了广泛的应用。SCSI 硬盘由于性能好,因此在服务器上普遍均采用此类硬盘产品;但 SCSI 硬盘价格较高,因而较少在低端系统中应用。在小型服务器中普遍采用 SATA 技术的 IDE 硬盘,这种 IDE 硬盘与普通的支持 PATA 技术的 IDE 硬盘相比,由于采用了点对点而不是基于总线的架构,所以可以为每个连接设备提供全部带宽,从而提高了总体性能。但对于一些不能轻易中止的服务器而言,还应当选用 SCSI 硬盘以保证服务器的不停机维护和扩容。

在服务器的主板方面需要注意的是集成的设备和是否有充足的扩展插槽,如显卡、声卡、USB 接口等是否是集成的,这样既可以节约开销,同时也留下了更多的扩展插槽,散热空间也相对更大了一些。同时不同的主板设计也会对服务器的整体性能有所影响。Intel 不仅是 CPU 制造商,而且也是重要的主板制造商,Intel 主板严格遵照规范制作,并对 Windows 做了优化,可保证产品的最大兼容性,更容易释放和获得性能。

3. 服务器的特性

(1) 可扩展性

服务器必须具有一定的可扩展性,这是因为学校网络不可能长久不变,特别是在当今信息时代。如果服务器没有一定的可扩展性,当用户一增多就不能胜任的话,一台价值几万元,甚至几十万元的服务器在短时间内就要遭到淘汰,这是任何单位都无法承受的。为了保持可扩展性,通常需要在服务器上具备一定的可扩展空间和冗余件。

可扩展性具体体现在硬盘是否可扩充,CPU 是否可升级或扩展,系统是否支持 Windows、Linux 或 Unix 等可选主流操作系统等方面,只有这样才能保持前期投资为后期充分利用。

(2) 易使用性

服务器的功能相对于 PC 机来说复杂许多,不仅指其硬件配置,更多的是指其软件系统配置。服务器要实现如此多的功能,没有全面的软件支持是无法想象的。但是软件系统增多可能造成服务器的使用性能下降,管理人员无法有效操纵。所以许多服务器厂商在进行服务器的设计时,除了在服务器的可用性、稳定性等方面要充分考虑外,还必须在服务器的易使用性方面下足功夫。

服务器的易使用性主要体现在服务器是不是容易操作,用户导航系统是不是完善,机箱设计是不是人性化,有无关键恢复功能,是否有操作系统备份,以及有无培训支持等方面。

(3) 可用性

可用性即所选服务器能满足长期稳定工作的要求,不能经常出问题。服务器所面对的是整个网络的用户,而不是单个用户,在大中型企业中,通常要求服务器是永不中断的。在一些特殊应用领域,即使没有用户使用,有些服务器也得不间断地工作,必须持续地为用户提供连接服务,这就是要求服务器必须具备极高的稳定性的根本原因。

一般来说专门的服务器都要 24 小时不间断地工作,特别是一些大型的网络服务器,如大公司所用服务器、网站服务器,以及提供公众服务 Web 服务器等。对于这些服务器来说,也许真正工作开机的次数只有一次,那就是它刚买回全面安装配置好后投入正式使用的那一次,此后,它不间断地工作,一直到彻底报废。如果时常就出故障,则网络服务不能保持正常运行。为了确保服务器具有高的可用性,除了要求各配件质量过硬外,还可采取必要的技术和配置措施,如硬件冗余、在线诊断等。

(4)易管理性

服务器虽然在稳定性方面有足够保障,但也应有必要的避免出错的措施,可以及时发现问题,而且出了故障也能及时得到处理。这不仅可减少服务器出错的机会,同时还可大大提高服务器维护的效率。

服务器的易管理性还体现在服务器有没有智能管理系统,有没有自动报警功能,是不是有独立于服务器系统的管理维护系统等方面。

5.1.2 服务器系统

服务器系统与计算机系统一样由硬件系统和软件系统组成,服务器系统通常来讲是指安装在服务器上的操作系统。服务器操作系统可以实现对计算机硬件与软件的直接控制和管理协调。服务器操作系统主要分为 Windows Server、Netware、Unix、Linux 四大流派,下面分别介绍。

1. Windows Server 操作系统

Windows Server 是微软在 2003 年 4 月 24 日推出的 Windows 的服务器操作系统,其核心是 WSS(Microsoft Windows Server System),每个 Windows Server 都与其家用(工作站)版对应(2003 R2 除外)。其版本较多,更新也较快,如 Windows Server 2003/2003 R2/2008/2008 R2/2012/2012 R2/2016/2019 等。

Windows Server 系统的优点:具有 Windows 界面,Windows Server 十分易于运用。相对于其他服务器系统而言,精简的向导让使用操作简单,极大降低使用者的学习成本。

Windows Server 系统的缺点:对服务器硬件要求较高,稳定性不是很好。

Windows Server 系统的应用:在网络操作系统中具有非常强劲的力量。这类操作系统在整个局域网配置中是最常见的。适用于中低档服务器。

2. Netware 操作系统

Netware 是 NOVELL 公司推出的网络操作系统。Netware 最重要的特征是基于基本模块设计思想的开放式系统结构。Netware 是一个开放的网络服务器平台,可以方便地对其进行扩充。Netware 系统对不同的工作平台如 DOS、OS/2、Macintosh 等,不同的网络协议环境如 TCP/IP 以及各种工作站操作系统提供了一致的服务。该系统内可以增加自选的扩充服务(如替补备份、数据库、电子邮件以及记账等),这些服务可以取自Netware 本身,也可取自第三方开发者。常用的版本有 3.11、3.12、4.10、V4.11、V5.0 等中英文版本。

Netware 的优点:强大的文件及打印服务能力,良好的兼容性及系统容错能力,比较完备的安全措施。

Netware 的缺点:工作站资源无法直接共享、安装及管理维护比较复杂。

Netware 的应用:对无盘站和游戏的支持较好,常用于教学网和游戏厅。对网络硬件的要求较低而受到一些设备比较落后的中小型企业,特别是学校的青睐。

3. Unix 操作系统

Unix 操作系统是一个强大的多用户、多任务操作系统,支持多种处理器架构,按照操作系统的分类,属于分时操作系统,最早由肯·汤普森、丹尼斯·里奇和道格拉斯·麦克罗伊于 1969 年在 AT&T 的贝尔实验室开发。常用的版本主要有 AIX、HP-UX、Solaris、Irix、Digital Unix、BSD Unix 等。

Unix 操作系统的优点:核心层小巧,而实用层丰富,核心层只需占用很小的存储空间,并能常驻内存,以保证系统以较高的效率工作,核外程序包含有丰富的语言处理程序;使用灵活的命令程序设计语言 Shell,系统易读,易修改;采用树型目录结构来组织各种文件及文件目录,有利于辅助存储器空间分配及快速查找文件,也可以为不同用户的文件提供文件共享和存取控制的能力,且保证用户之间安全有效的合作;将外围设备与文件一样看待,外围设备如同磁盘上的普通文件一样被访问、共享和保护,用户不必区分文件和设备,也不需要知道设备的物理特性就能访问它;所有实用程序和核心的 90% 代码是用 C 语言写成的,这使得 Unix 成为一个可移植的操作系统,操作系统的可移植性带来了应用程序的可移植性,因而用户的应用程序既可用于小型机,又可用于其他的微型机或大型机,从而大大提高了用户的工作效率。

Unix 操作系统的缺点:Unix 是用 C 语言写成的,因而容易修改和移植。Unix 也鼓励用户用 Unix 的工具开发适合自己需要的环境,这样造成了 Unix 版本太多而不统一,造成应用程序的可移植性不能完全实现;Unix 系统缺少诸如实时控制、分布式处理、网络处理能力;Unix 系统的核心是无序模块结构,Unix 系统的核心有 90% 是用 C 语言写成的,但其结构不是层次的,故显得十分复杂,不易修改和扩充。

Unix 操作系统的应用:一般用于大型的网站或大型的企事业局域网中。

4. Linux 操作系统

Linux 操作系统是一套免费使用和自由传播的类 Unix 操作系统,是一个基于可移植操作系统接口(POSIX,Portable Operating System Interface of Unix)和 Unix 的多用户、多任务、支持多线程和多 CPU 的操作系统。它能运行主要的 Unix 工具软件、应用程序和网络协议,它支持 32 位和 64 位硬件,严格来讲 Linux 这个词本身只表示 Linux 内核。Linux 继承了 Unix 以网络为核心的设计思想,是一个性能稳定的多用户网络操作系统。

Linux 操作系统诞生于 1991 年 10 月 5 日,它有许多不同的版本,但它们都使用了 Linux 内核。它可安装在各种计算机硬件设备中,比如手机、平板计算机、路由器、视频游戏控制台、台式计算机、大型机和超级计算机。常见的 Linux 操作系统版本有 Redhat、

Centos、Debian、Ubuntu、Suse 等。

Linux 操作系统的优点：是基于 Unix 的概念开发出来的系统，拥有 Unix 的稳定性；是一款免费的操作系统，用户可以通过网络或其他途径免费获得，并可以任意修改其源代码；由于免费开源属性，使 Linux 拥有大量的用户，因此获得最新的安全信息共享相对简单些；支持多用户，各个用户对于自己的文件设备有自己特殊的权利，保证了各用户之间互不影响；在系统里，文件属性分为可读、可写、可执行来定义一个文件的适用性，此外，这些属性又可以分三个种类（文件所有者、文件所属用户组、其他用户），有很好的保密性；运行在多种硬件平台上。

Linux 操作系统的缺点：需要一定时间的学习；没有特定的支持厂商，所有套件几乎都是自由软件，自由软件的开发者大部分都不是盈利型的团体，所以软件如果发生问题，只能自己寻找解决方案；游戏支持度不足，很难进入一般家庭；专业软件支持度不足，很多专业型软件（如专业绘图软件）无法运行。

Linux 操作系统的应用：适用于中高档服务器。

5.1.3　服务器类型

服务器的种类多种多样，适用于各种不同功能、不同应用环境下的特定服务器不断涌现，以下是几种主要的服务器分类标准。

1. 按服务器的应用层次分

应用层次主要根据服务器的综合性能，特别是所采用的一些服务器专用技术来衡量。按服务器应用层次可分为入门级服务器、工作组级服务器、部门级服务器和企业级服务器四种。

入门级服务器通常只使用一块 CPU，并根据需要配置相应的内存和大容量 IDE 硬盘，必要时也会采用 IDE RAID 进行数据保护。入门级服务器主要是针对基于 Windows NT、Netware 等网络操作系统的用户，可以满足办公室型的中小型网络用户的文件共享、打印服务、数据处理、Internet 接入及简单数据库应用的需求，也可以在小范围内完成诸如代理、E-mail、DNS 等服务。入门级服务器所连客户端比较少，一般为 20 台左右，且稳定性、可扩展性以及容错冗余性能较差，仅适用于没有大型数据库数据交换、日常工作网络流量不大、不能长期不间断开机的小型企业。

工作组级服务器一般支持 1～2 个 CPU，可支持大容量的 ECC 内存，功能全面。其可管理性强且易于维护，具备了小型服务器所必备的各种特性，如采用 SCSI 总线的输入/输出系统，对称多处理器结构、可选装 RAID、热插拔硬盘、热插拔电源等，具有高可用性特性。工作组级服务器客户端一般为 50 台左右，适用于为中小企业提供 Web、E-mail 等服务，也能够用于学校等教育部门的数字校园网、多媒体教室的建设等。通常情况下，如果应用不复杂，例如没有大型的数据库需要管理，那么采用工作组级服务器就可以满足要求。

部门级服务器通常可以支持 2～4 个 CPU，具有较高的可靠性、可用性、可扩展性和可管理性。首先，集成了大量的监测及管理电路，具有全面的服务器管理能力，可监测如温度、电压、风扇、机箱等状态参数。此外,结合服务器管理软件,可以使管理人员及时了解服务器的工作状况。同时,大多数部门级服务器具有优良的系统扩展性,当用户在业务量迅速增大时能够及时在线升级系统,可保护用户的投资。部门级服务器是企业网络中分散的各基层数据采集单位与最高层数据中心保持顺利连通的必要环节。部门级服务器可连接客户端 100 台左右,硬件配置相对较高,可靠性比工作组级服务器要高一些,适合中型企业作为数据中心、Web 站点等应用。

企业级服务器属于高档服务器,普遍可支持 4～8 个 CPU,拥有独立的双 PCI 通道和内存扩展板设计,具有高内存带宽、大容量热插拔硬盘和热插拔电源,具有超强的数据处理能力。这类产品具有高度的容错能力、优异的扩展性能和系统性能、极长的系统连续运行时间,能在很大程度上保护用户的投资,可作为大型企业级网络的数据库服务器。企业级服务器主要适用于需要处理大量数据、高处理速度和对可靠性要求极高的大型企业和重要行业(如金融、证券、交通、邮电、通信等行业),可用于提供企业资源配置 ERP、电子商务、办公自动化 OA 等服务。

2. 按服务器的处理器架构分

服务器的处理器架构就是服务器 CPU 所采用的指令系统。这种方式服务器分为 CISC 架构服务器、RISC 架构服务器和 VLIW 架构服务器三种。

复杂指令系统计算机(CISC,Complex Instruction Set Computer),从计算机诞生以来,人们一直沿用 CISC 指令集方式。早期的桌面软件是按 CISC 设计的,所以微处理器厂商一直在走 CISC 的发展道路,包括 Intel、AMD,还有其他一些已经更名的厂商,如 TI(德州仪器)、Cyrix 以及 VIA(威盛)等。在 CISC 微处理器中,程序的各条指令是按顺序串行执行的,每条指令中的各个操作也是按顺序串行执行的。顺序执行的优点是控制简单,但计算机各部分的利用率不高,执行速度慢。CISC 架构的服务器主要以 IA-32 架构为主,而且多数为中低档服务器所采用。如果企业的应用都是基于 NT 平台的应用,那么服务器的选择基本上就定位于 IA 架构(CISC 架构)的服务器。如果企业的应用主要是基于 Linux 操作系统,那么服务器的选择也是基于 IA 结构的服务器。如果应用必须是基于 Solaris 的,那么服务器只能选择 SUN 服务器。如果应用基于 AIX(IBM 的 Unix 操作系统)的,那么只能选择 IBM Unix 服务器(RISC 架构服务器)。

精简指令集(RISC,Reduced Instruction Set Computing),其指令系统相对简单,它只要求硬件执行很有限且最常用的那部分指令,大部分复杂的操作则使用成熟的编译技术,由简单指令合成。在中高档服务器中普遍采用这一指令系统的 CPU,特别是高档服务器全都采用 RISC 指令系统的 CPU。在中高档服务器中采用 RISC 指令的 CPU 主要有 Compaq 公司的 Alpha、HP 公司的 PA-RISC、IBM 公司的 Power PC、MIPS 公司的 MIPS 和 SUN 公司的 Sparc。

超长指令集架构(VLIW,Very Long Instruction Word),VLIW 架构采用了先进的清晰并行指令 EPIC 设计,这种构架也叫做 IA-64 架构。每时钟周期例如 IA-64 可运行 20 条指令,而 CISC 通常只能运行 1～3 条指令,RISC 能运行 4 条指令,可见 VLIW 要比 CISC 和 RISC 强大得多。VLIW 的最大优点是简化了处理器的结构,删除了处理器内部许多复杂的控制电路,这些电路通常是超标量芯片(CISC 和 RISC)协调并行工作时必须使用的,VLIW 的结构简单,也能够使其芯片制造成本降低,价格低廉,能耗少,而且性能也要比超标量芯片高得多。基于这种指令架构的微处理器主要有 Intel 的 IA-64 和 AMD 的 x86-64 两种。

3. 按服务器的用途分

服务器按用途可分为通用型服务器和专用型服务器。

通用型服务器是没有为某种特殊服务专门设计的、可以提供各种服务功能的服务器,当前大多数服务器是通用型服务器。这类服务器因为不是专为某一功能而设计,所以在设计时就要兼顾多方面的应用需要,服务器的结构就相对较为复杂,而且要求性能较高,当然在价格上也就更贵些。

专用型也称功能型服务器,是专门为某一种或某几种功能设计的服务器。在某些方面与通用型服务器不同。如光盘映像服务器主要是用来存放光盘映像文件的,在服务器性能上也就需要具有相应的功能与之相适应,光盘映像服务器需要配备大容量、高速的硬盘以及光盘映像软件。FTP 服务器主要用于在网上进行文件传输,这就要求服务器在硬盘稳定性、存取速度、输入/输出带宽方面具有明显优势。而 E-mail 服务器则主要是要求服务器配置高速宽带上网工具,硬盘容量要大等。这些功能型的服务器的性能要求比较低,因为它们只需要满足某些需要的功能应用即可,所以结构比较简单,采用单 CPU结构即可。在稳定性、扩展性等方面要求不高,价格也较便宜,相当于 2 台左右的高性能计算机价格。

4. 按服务器的机箱结构分

服务器按机箱结构分为台式服务器、机架式服务器、机柜式服务器和刀片式服务器。

台式服务器也称为塔式服务器。有的台式服务器采用大小与普通立式计算机大致相当的机箱,有的采用大容量的机箱。低档服务器由于功能较弱,整个服务器的内部结构比较简单,所以机箱不大,都采用台式机箱结构。

机架式服务器的外形看来不像计算机,而像交换机,机架式服务器安装在标准的 19英寸机柜里面,这种结构多为功能型服务器,如图 5-1 所示。

图 5-1　机架式服务器实例

在一些高档企业服务器中由于内部结构复杂,内部设备较多,有的还具有许多不同的设备单元或几个服务器都放在一个机柜中,这种服务器就是机柜式服务器,如图 5-2所示。

图 5-2　机柜式服务器实例

刀片式服务器是指在标准高度的机架式机箱内可插装多个卡式的服务器单元,实现高可用和高密度,是专门为特殊应用行业和高密度计算机环境设计的,每一块刀片类似于一个独立的服务器,它们可以通过本地硬盘启动自己的操作系统。在集群模式下,所有的刀片可以连接起来提供高速的网络环境,共享资源,为相同的用户群服务,如图 5-3所示。

图 5-3　刀片式服务器实例

5.1.4　服务器选配

服务器选配有租用和单位购买两种方式。服务器选配的成功与否,可以说在一定程度上直接影响着网站建设的成功与否。这不论是对学校,还是企业建网站都是一样的。拥有一款稳定、良好的服务器无疑是最基本的选择。

1. 租用服务器

一般租用服务器需要注意以下几点。

（1）服务器所在的地理位置

在选择网站服务器的时候,至少应该同时考虑到普通的访问用户及搜索引擎。从用户的角度出发,用户在访问网站的时候,他们的主要要求是可以快速地打开想要浏览的网页或者资源。从搜索引擎的角度出发,希望能给用户提供最贴近其所在地区的信息,从而提高用户搜索结果的体验。所以,搜索引擎会优先返回与用户所在地区相同的网站。

综合以上的两个条件,我们在选择服务器的时候应该优先选择最接近客户群所在地的服务器,这样不但可以减少用户下载网页或者资源时所需的时间,而且如果该地区的用户在搜索与网站内容相关的信息时,网站还可以取得优先的排序权。

（2）服务器的性能

稳定性。网站是 24 小时不间断运行的。如果服务器系统出现故障,那么用户就不能访问相关网站。此外,服务器的稳定性也会影响网站在搜索引擎中的表现。如果一个网站长时间不能访问或者频繁出错,那么会导致搜索引擎清除在它多次访问或者更新期间无法访问的页面,甚至是对网站进行整体降权。

带宽。对于服务器托管、租用独立服务器或者合租服务器,我们在选择的时候,要考虑服务器的可用带宽。要弄清楚,每个网站的最低使用带宽是多少,对于普通的资讯类网站,最低带宽在 5M 左右就能满足基本的需要了。

服务器资源。对于合租型的服务器,服务器提供商除了在带宽方面有限制以外,还会限制合租服务器里每一个用户所使用的服务器资源,包括软硬件资源,如 CPU、内存、硬盘空间等。所以,我们要根据网站的访问量选择合适的服务器。同样,当服务器上的资源不能满足网站的需求时,同样会出现服务器访问超时等现象,从而影响网站的搜索引擎友好性。

连接数。如果购买的是虚拟空间,那么空间提供商一般会对访问的连接数有所限制。在实际应用中,我们应该根据网站的实际情况选择相应级别的空间。例如,若网站同时在线人数的峰值是超过 150 的,那么在选择虚拟空间的时候,连接数就应该选择大于 150,否则也会出现访问超时等现象,从而影响网站的搜索引擎友好性。

月流量。有的虚拟空间是不限制网站连接数的,但是会限制网站的每月流量。对于这一类的空间,我们同样需要根据网站的实际情况来选择,否则也会出现访问超时等现象,从而影响网站的搜索引擎友好性。

（3）服务器功能

是否支持统一资源定位符重写。为了方便维护,很多网站都会使用数据库进行管理,这就涉及动态网页静态化的问题。动态网页静态化有两种方法,第一种是利用程序生成静态页面,第二种就是通过统一资源定位符重写实现伪静态。

数据备份。由于种种原因,网站在运行过程中可能会出现数据丢失的情况,所以,我们所购买的服务器空间是否支持数据定期备份也非常重要。如果网络服务器存在备份功能,那么我们就可以在最短的时间内恢复网站的运行。

2. 购买服务器

一般购买服务器需要注意以下几点。

（1）服务器的实际应用

购买服务器首先需要确定服务器是用来做什么的,上面需要运行什么软件,软件运行在什么操作系统上,负载有多大,这样就可以很清楚地知道服务器所要类型,CPU、内存、硬盘等大概配置以及分别用怎样的最好。我们常见的服务器可以分为文件服务器、Web 服务器、数据库服务器、邮件服务器等。文件服务器比较看重存储性能,在购买服务器的时候要重视硬盘的大小、硬盘托架的多少;Web 服务器看重对响应的支持,看服务器内存对驻留在其中的响应容纳多少,会不会因为无法支持高峰的大量访问而导致瘫痪,一些网站的瘫痪很多情况下是由同一个时刻的访问量过大,导致网页长时间打不开的情况;数据库服务器则比较均衡,需要处理性能、缓存支持、内存支持、存储能力等多方面的综合性能;邮件服务器以及 FTP 服务器侧重硬盘的存储能力和响应能力,需要重视硬盘的容量和内存的性能。

（2）服务器的稳定性及售后服务

服务器不同于 PC 机,要求能够 24 小时不间断运行,这就是要求服务器必须要高度稳定,尽量减少宕机时间。不同品牌的服务器,宕机的概率会有所不同。同时,售后服务也非常重要,如果发生宕机或者服务器在维护上出了一些问题,如何快速、准确解决问题才是保证本单位减少损失的关键所在,所以,需要选购质量可靠、售后服务有保障的生产商的服务器。

（3）服务器扩展性

一般来说,一台服务器的使用年限是 5～8 年,在这段时间,如果业务量发生变化,势必导致服务器的负载发生变化,因此购买的服务器还需要能扩展,如服务器还需有 CPU 插槽、内存槽位、硬盘预留位置等。

5.1.5　磁盘阵列 RAID

1. RAID 的概念

RAID 是 Redundant Arrays of Independent Drives 的缩写,称为廉价磁盘冗余阵列。磁盘阵列是由很多价格较便宜的磁盘,组合成一个容量较大的磁盘组,利用个别磁盘提供数据所产生加成效果提升整个磁盘系统效能。利用这项技术,将数据切割成许多区段,分别存放在各个硬盘上。

RAID 技术大致分为两种:基于硬件的 RAID 技术和基于软件的 RAID 技术。其中在 Linux 下通过自带的软件就能实现 RAID 功能,这样便可省去购买硬件 RAID 控制器和附件就能极大地增强磁盘的 I/O 性能和可靠性。由于是用软件去实现的 RAID 功能,所以它配置灵活、管理方便。同时使用软件 RAID,还可以实现将几个物理磁盘合并成一个更大的虚拟设备,从而达到性能改进和数据冗余的目的。当然基于硬件的 RAID 解决方案比基于软件 RAID 技术在使用性能和服务性能上稍胜一筹,具体表现在检测和修复多位错误的能力、错误磁盘自动检测和阵列重建等方面。

2. RAID 的类型

磁盘阵列其类型有三种:一、外接式磁盘阵列柜,二、内接式磁盘阵列卡,三、利用软件仿真的方式。

外接式磁盘阵列柜经常被使用大型服务器上,具可热交换的特性,不过这类产品的价格都很贵。

内接式磁盘阵列卡,因为价格便宜,但需要较高的安装技术,适合技术人员使用操作。硬件阵列能够提供在线扩容、动态修改阵列级别、自动数据恢复、驱动器漫游、超高速缓冲等功能。它能提供性能、数据保护、可靠性、可用性和可管理性的解决方案,由阵列卡专用的处理单元来进行操作。

利用软件仿真的方式,是指通过网络操作系统自身提供的磁盘管理功能将连接的普通 SCSI 卡上的多块硬盘配置成逻辑盘,组成阵列。软件阵列可以提供数据冗余功能,但是磁盘子系统的性能会有所降低,有的降低幅度还比较大,达 30% 左右。因此会拖慢机器的速度,不适合大数据流量的服务器。

3. RAID 的原理

磁盘阵列作为独立系统在主机外直连或通过网络与主机相连。磁盘阵列有多个端口可以与不同主机或不同端口连接。一个主机连接阵列的不同端口可提升传输速度。和 PC 用单磁盘内部集成缓存一样,在磁盘阵列内部为加快与主机的交互速度,都带有一定量的缓冲存储器。主机与磁盘阵列的缓存交互,缓存与具体的磁盘交互数据。

在应用中,有部分常用的数据是需要经常读取的,磁盘阵列根据内部的算法,查找出这些经常读取的数据,存储在缓存中,加快主机读取这些数据的速度,而对于其他缓存中没有的数据,主机要读取,则由阵列从磁盘上直接读取传输给主机。对于主机写入的数据,只写在缓存中,主机可以立即完成写操作。然后由缓存再慢慢写入磁盘。

4. RAID 的特点

提高传输速率。RAID 通过在多个磁盘上同时存储和读取数据来大幅提高存储系统的数据吞吐量。在 RAID 中,可以让很多磁盘驱动器同时传输数据,而这些磁盘驱动器在逻辑上又是一个磁盘驱动器,所以使用 RAID 可以达到单个磁盘驱动器几倍、几十倍甚至上百倍的速率。这也是 RAID 最初想要解决的问题。因为当时 CPU 的速度增长很快,而磁盘驱动器的数据传输速率无法大幅提高,所以需要有一种方案解决二者之间的矛盾。

通过数据校验提供容错功能。普通磁盘驱动器无法提供容错功能,如果不包括写在磁盘上的循环冗余校验码 CRC 的话。RAID 容错是建立在每个磁盘驱动器的硬件容错功能之上的,所以它提供更高的安全性。在很多 RAID 模式中都有较为完备的相互校验/恢复的措施,甚至是直接相互的映像备份,从而大大提高了 RAID 系统的容错度。

5. RAID 的级别

RAID 技术经过不断的发展,现在已有 RAID 0～7 共八种基本的 RAID 级别。另外,还有一些基本 RAID 级别的组合形式,如 RAID 10(RAID 0 与 RAID 1 的组合)、RAID 30(RAID 0 与 RAID 3 的组合)、RAID 50(RAID 0 与 RAID 5 的组合)等。不同 RAID 级别代表着不同的存储性能、数据安全性和存储成本。

RAID 0 并不是真正的 RAID 结构,没有数据冗余和数据校验,是把 n 块同样的硬盘通过智能磁盘控制器或用操作系统中的磁盘驱动程序以软件的方式串联在一起创建一个大的卷集。在使用中数据依次写入到各块硬盘中,整倍地提高硬盘的容量。

RAID 1 通过磁盘数据镜像实现数据冗余,在成对的独立磁盘上产生互为备份的数据。实现 RAID 1 需要 $2n$ 个硬盘,容量仅等于 n 块硬盘之和。

RAID 0+1 也称为 RAID 10,也称为镜像阵列条带,单独使用 RAID 1 也会出现类似单独使用 RAID 0 那样的问题,即在同一时间内只能向一块磁盘写入数据,不能充分利用所有的资源。为了解决这一问题,在磁盘映像中建立带区集。因为这种配置方式综合了带区集和映像的优势,所以被称为 RAID 0+1。RAID 10 需要 $2n(n \geqslant 2)$ 块磁盘,磁盘利用率为 50%。

RAID 2 是 RAID 0 的改良版,是为大型机和超级计算机开发的带汉明码校验磁盘阵列。以汉明码(Hamming Code)的方式将数据进行编码后分割为独立的位元,并将数据分别写入硬盘中。因为在数据中加入了错误修正码 ECC,所以数据整体的容量会比原始数据大一些,只能允许一个硬盘出问题。

RAID 3 是带奇偶校验码的并行传送,校验码与 RAID 2 不同,只能查错,不能纠错。它访问数据时一次处理一个带区,这样可以提高读取和写入速度。把数据分成多个"块",按照一定的容错算法,存放在 $n+1$ 个硬盘上,实际数据占用的有效空间为 n 个硬盘的空间总和。

RAID 4 是带奇偶校验码的独立磁盘结构,和 RAID 3 很像。在独立访问阵列中,每个磁盘都是独立运转的,因此不同的 I/O 请求可以并行地满足。

RAID 5 是一种存储性能、数据安全和存储成本兼顾的存储解决方案,可以理解为是 RAID 0 和 RAID 1 的折中方案。其工作原理是把数据和与其相对应的奇偶校验信息存储到组成 RAID 5 的各个磁盘上,并且奇偶校验信息和相对应的数据分别存储于不同的磁盘上,当 RAID 5 的一个磁盘数据损坏后,利用剩下的数据和相应的奇偶校验信息去恢复被损坏的数据。磁盘空间利用率为 $(n-1)/n(n \geqslant 3)$,即只浪费一块磁盘用于奇偶校验。

RAID 6 是带有两种分布存储的奇偶校验码的独立磁盘结构,其技术是在 RAID 5 的基础上为了进一步加强数据保护而设计的一种 RAID 方式,是一种扩展 RAID 5 等级。在使用 RAID 6 时会有两块硬盘用来存储校验位,增强了容错功能。RAID 6 要求至少 4 块硬盘。

RAID 7 是优化的高速数据传送磁盘结构,是一种新的 RAID 标准,其自身带有智能化实时操作系统和用于存储管理的软件工具,可完全独立于主机运行,不占用主机 CPU 资源。它可以看作是一种存储计算机,与其他 RAID 标准有明显区别。

5.1.6　服务器的日常维护

1. 硬件维护

(1) 定期除尘

灰尘是服务器的致命杀手,会影响到服务器的使用寿命,因此,定期的服务器除尘必不可少,特别是注意电源的除尘。至于除尘方法与普通 PC 除尘方法一样。

(2) 储存设备的扩充

随着资源的持续扩展,我们需要很多的内存和硬盘容量来存储更多资源,所以,内存与硬盘的扩充很有必要,而我们在增加内存时一定要确认与服务器原有的内存的兼容性,最好是同一品牌同一规格的内存。如果是服务器专用的 ECC 内存,则必须选用相同的内存,普通的 SDRAM 内存与 ECC 内存在同一台服务器上使用很可能会引起系统严重出错。在增加硬盘以前,需要认定服务器是否有空余的硬盘位、硬盘接口和电源接口,还有主板是否支持这种容量的硬盘。尤其需要注意,防止买来了设备却无法使用。

(3) 定期更换和卸载设备

卸载和更换设备时的问题不大,需要注意的是有许多品牌服务器机箱的设计比较特殊,需要特殊的工具或机关才能打开,在卸机箱盖的时候,需要仔细看说明书,不要强行拆卸。另外,必须在完全断电、服务器接地良好的情况下进行,即使是支持热插拔的设备也是如此,以防止静电对设备造成损坏。

2. 软件维护

(1) 数据库服务

数据库是长期运行的,而且数据库中的数据也很重要,数据丢失,损失很大,我们需要调整数据库性能,使它处于最优化状态。另外,谨防数据丢失,我们也要定期备份数据库。

(2) 操作系统的维护

操作系统是服务器运行的软件基础,其重要性不言而喻。多数服务器操作系统是使用 Windows Server,维护起来还是比较容易的。在 Windows Server 中打开事件查看器,在系统日志、安全日志和应用程序日志中查看有没有特别异常的记录。现在网上的黑客越来越多了,因此需要到微软的网站上下载最新的升级服务包安装上,将安全漏洞及时补上。

(3) 用户数据维护

服务器经过频繁的使用,可能存放了大量的数据,这些数据是非常宝贵的资源,所以需要加以整理,并刻成光盘永久保存起来。这样即使日后服务器有故障,也能恢复数据。

(4) 网络服务维护

DNS 服务、DHCP 服务、Web 服务、SMTP 服务、FTP 服务等,可能会导致系统混乱,重新设定服务参数,确保正常运行。

5.2　实验操作

5.2.1　RAID 5 制作

1. 安装服务器硬件

服务器标准配置是没有硬盘、显示器、鼠标和键盘等硬件设备,需要根据实际情况进行配置。在 RAID 5 制作前我们需要给服务器安装硬盘、显示器、鼠标和键盘等硬件设备。

首先,打开 DELL Power EdgeR320 机架式服务器机箱盖,把 3 个 500 G 硬盘装入服务器硬盘位置,连接好数据线和硬盘电源,如图 5-4 所示,盖好机箱盖。

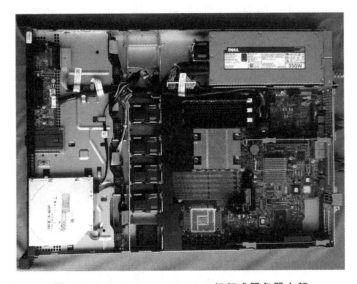

图 5-4　DELL Power EdgeR320 机架式服务器内部

然后,为服务器安装好鼠标、键盘、显示器,接好服务器电源线、网线。

2. 设置 SATA 模式

首先,启动服务器,当显示屏出现 Power EdgeR320 图标时按"F2"键,进入 System Setup 界面。

其次,在 System Setup Main Menu 中单击"System BIOS",进入 System BIOS 设置界面,如图 5-5 所示。

然后,在 System BIOS 设置界面单击"Sata Settings"进入 SATA 设置,选择 Embedded SATA 为 RAID Mode。

最后,在 SATA 设置界面单击"Back",在 System BIOS 设置界面单击"Finish",出现 BIOS 修改保存提示框,单击"Yes"。提示设置保存成功后,单击"Exit"或按"Esc"键退出 System Setup 界面。

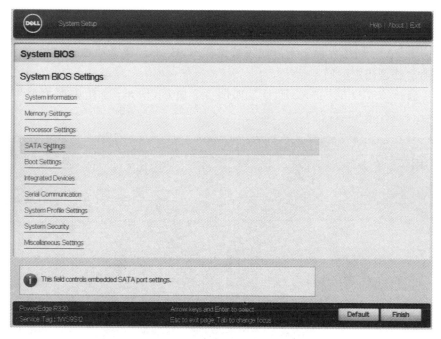

图 5-5　System BIOS 设置界面

3. 制作 RAID 5

设置好 Embedded SATA 为 RAID Mode 模式后,进行下面操作:

首先,重新启动服务器,当显示器界面出现"Ctrl-R"提示时,按下"Ctrl＋R"(若错过了提示,则按下"Ctrl＋Alt＋Delete"重启服务器,等待"Ctrl-R"提示出现,按下"Ctrl＋R"),进入 RAID 制作界面,如图 5-6 所示。

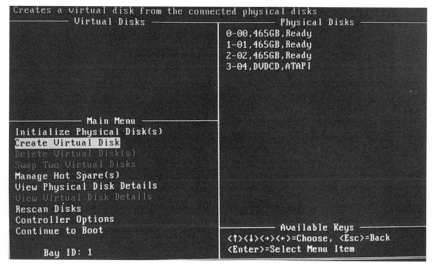

图 5-6　RAID 5 制作

其次,在 RAID 制作界面左下方主菜单选择"Create Virtual Disk"项,按 RAID 制作界面右下方使用按键提示,回车确认,如图 5-6 所示。

再次,按 RAID 制作界面右下方使用按键提示,按"Ins"键选择物理磁盘,选择好待做 RAID 的所有物理磁盘后回车。

然后,选择 RAID 模式"RAID 5",如图 5-7 所示,回车;选择缓存策略"No Read Ahead/Write through"项,回车。

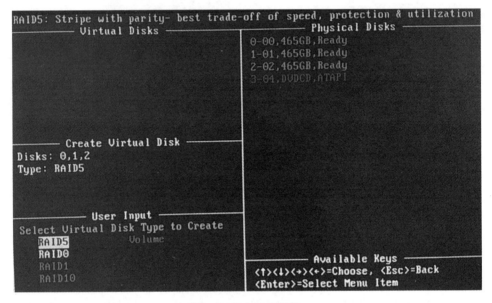

图 5-7　RAID 5 制作

最后,按 RAID 制作界面右下方使用按键提示,按"C"确认,服务器自动开始 RAID 制作。

RAID 制作完成后,三个 500 G 的硬盘制作成 RAID 5 磁盘后,容量大小为 1 T(930 GB),其中有 500 G 的冗余。在 RAID 界面中,若选择"Delete Virtual Disk",可删除虚拟磁盘阵列。RAID 制作完成后,按"Esc"键退出 RAID 制作。

5.2.2　服务器系统安装

服务器系统安装方法有:导航盘安装法、硬安装法、ILO(Integrated Lights-Out)安装法。这里我们采用硬安装法为服务器安装 Windows Server 2008 操作系统(参看 2.2.2 节 Windows 7 操作系统的安装)。

1. 系统安装前设置

在服务器 BIOS 中的启动顺序设置光驱为第一引导,硬盘为第二引导。

先将光盘放入到光盘驱动器,然后启动服务器进入光盘安装。或者将光盘放入到光盘驱动器后启动服务器,当出现 Power EdgeR320 图标时按"F11"快捷键进入 BIOS Boot Manager,选择光盘启动。

光盘启动后,进入"安装 Windows Server"界面,设置安装的语言、时间和货币格式、键盘和输入法,单击"下一步",进入安装 Windows Server 界面。

2. 安装 RAID 磁盘驱动程序

在安装 Windows Server 界面,单击"现在安装"后,系统开始检测硬件,显示没发现 RAID 磁盘,需要安装 RAID 磁盘驱动程序。

将含有 RAID 驱动程序的 U 盘插入服务器 USB 接口,单击"浏览";在浏览文件夹中,选择 RAID 驱动程序文件夹,如图 5-8 所示,单击"确定",系统开始自动安装 RAID 驱动程序。

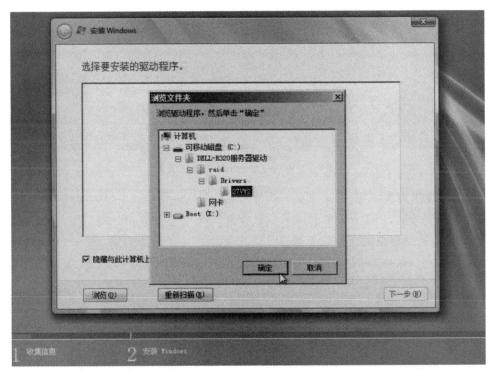

图 5-8　安装 RAID 磁盘驱动程序

3. 磁盘分区格式化

RAID 驱动安装完成后,在安装驱动程序对话框中单击"下一步";选择要安装的操作系统"Windows Server 2008 R2 Standard",单击对话框中的"下一步";勾选"我接受许可条款",单击对话框中的"下一步";选择"自定义高级"安装类型,进入 Windows Server 操作系统安装的路径选择,如图 5-9 所示。

由于磁盘未进行分区和格式化,若直接安装,磁盘使用和管理就很不方便,因此,在选择安装路径前需先对磁盘分区和格式化。在图 5-9 所示界面中,单击"驱动器高级选项",进入磁盘分区格式化界面。

在磁盘分区格式化界面,选择待分区格式化的磁盘,单击"新建",根据硬盘容量分区,设置分区的大小,然后点"应用",如图 5-10 所示。1T 的 SATA 硬盘,可以分为

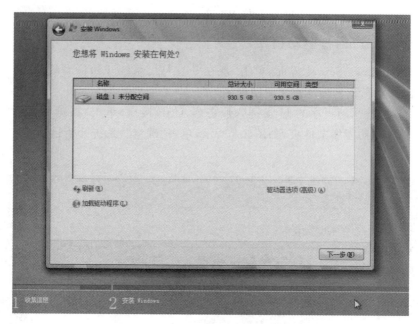

图 5-9　Windows Server 操作系统安装

100 GB的 C 盘作为系统分区,余下的分为 400 GB 和 430.5 GB(采用磁盘剩余的默认大小)的两个扩展分区,用于存储数据或相关数据库。由于服务器长时间工作,分区时要考虑保证系统盘有足够空间支持服务器长时间的运行。

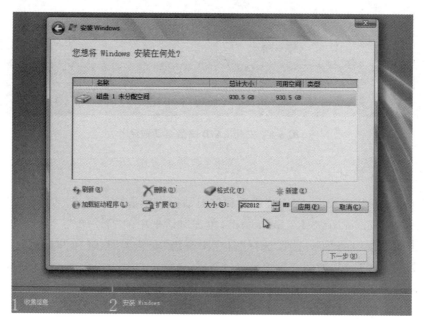

图 5-10　磁盘分区

磁盘分区后可以对该分区进行格式化,也可待全部分区完成后再分别对各分区进行格式化。选择待格式化的分区,单击"格式化",如图 5-11 所示。

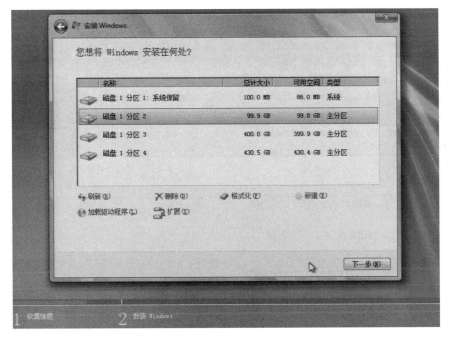

图 5-11　磁盘分区格式化

硬盘分区格式化时,有 FAT、FAT32、NTFS 等文件系统类型选择,作为一个服务器专用操作系统,安全性、性能强是第一位,因此选择 NTFS 作为服务器磁盘分区格式化。

4. 安装 Windows Server 2008

磁盘分区格式化完成后,在图 5-11 所示界面,选择系统安装路径(系统 C 盘)单击"下一步",进入 Windows Server 自动安装界面。Windows Server 安装界面提示系统正在安装的进展信息,信息下面则是该步骤的进度显示条。在安装过程中,服务器会自动重启几次。

系统自动完成安装后第一次进入 Windows Server 界面后,需对服务器操作系统的帐户密码进行设置。设置密码需要包含字母、数字和符号,以提高密码的安全性。密码正确设定后,就可以进入 Windows Server 2008 的图形界面。

5. 安装服务器相关硬件驱动程序

Windows Server 2008 操作系统安装好后,服务器管理器显示一些硬件设备的驱动尚未安装,还需要安装这些硬件的相关驱动程序。Power EdgeR320 服务器需要安装的硬件驱动程序有 Intel 芯片组建网络架构、Intel 芯片组设备、Intel 管理引擎组件、板载网卡等。

将服务器相关硬件驱动程序的 U 盘插入服务器 USB 接口,逐一安装 Intel 芯片组建网络架构、Intel 芯片组设备、Intel 管理引擎组件、板载网卡驱动程序。

服务器相关硬件驱动程序正常安装完成后,重启服务器,查看服务器管理器、设备管理器会显示所有设备正常。

6.服务器初始配置

进入 Windows Server 2008 操作系统后,需要对服务器进行初始配置,包括激活 Windows、设置时区、配置网络等,如图 5-12 所示。

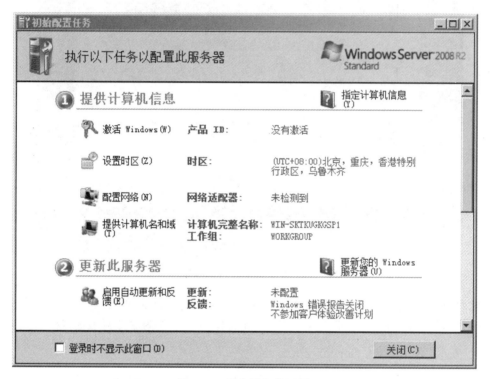

图 5-12　服务器初始配置

首先,利用操作系统软件商提供的系统激活码,对操作系统进行激活,设置好时区等。

然后,配置网络。打开服务器网络连接对话框,根据服务器接入网络所提供的 IP 地址信息设置好服务器 IP 地址信息(如局域网路由器提供的 IP 地址)。

最后,测试服务器运行情况。打开网页浏览器(如 IE 浏览器),测试服务器与网络连通情况、操作系统运行情况等。

5.2.3　服务器常见故障分析与处理

开启服务器,对照下面所列的服务器常见故障现象,分析原因,学会处理方法。

1.服务器无法启动

故障原因:市电或电源线故障,电源或电源模块故障,内存故障,CPU 故障,主板故障,其他插卡造成中断冲突等。

处理方法:检查电源线和各种 I/O 接线是否连接正常;检查主板是否加电;将服务器

设为最小配置(只接一个 CPU,最少的内存,只连接显示器和键盘)直接短接主板开关跳线,看看是否能够启动;检查电源,将所有的电源接口拔下,将电源的主板供电口的绿线和黑线短接,看看电源是否启动;如果判断电源正常,则需要用替换法来排除故障,先由最容易替换的配件开始替换(如内存、CPU、主板),直到故障消除。

2. 系统频繁重启

故障原因:电源故障;温度过高,尤其是 CPU 温度;内存故障;软件故障等。

处理方法:检查电源;查看 BIOS 错误报告中是否有各个风扇、内存故障报告;网络端口数据流量是否过大;是否需要更新或重装操作系统。

3. 服务器死机

软件故障:病毒攻击;软件漏洞;负载过重等。

处理方法:首先检查操作系统的系统日志,通过日志来判断部分造成死机的原因,然后进行相关处理。对于病毒攻击,安装杀毒软件,升级杀毒软件,清除病毒;对于软件漏洞,升级系统软件,或请软件供应商提供支持;对于负载过重,调整用户,降低服务器的负载。

硬件故障:电源故障,硬件冲突,硬盘、内存、CPU、板卡、主板等有故障。

处理方法:对比计算服务器电源所有的负载功率的值查看是否是电源故障或电源供电不足;通过 BIOS 中的错误报告和操作系统的报错信息来判断硬件是否冲突,硬盘、内存、CPU 等硬件是否正常;对于硬盘故障,可通过扫描硬盘表面来检查是否有坏道;对于内存、CPU、板卡、主板等硬件采用替换法来判断处理。

4. 服务器网络卡顿

故障原因:服务器负载过重;病毒攻击等。

处理方法:网络卡顿表现为服务器严重丢包,正常的服务器丢包率为 0%,若丢包率高于 1%则会出现卡的情况;用户卡;部分用户卡。首先,排除设备网卡故障、网线故障、上层交换机故障;硬件防火墙造成部分链路堵塞故障。用 Ping 测试服务器,同时对其他一些网站服务器进行同步 Ping 测试,如果服务器丢包严重,其他网站没有丢包情况,则说明故障在服务器。其次,检查 CPU 使用率是否大于 50%;内存使用率是否过高;网络使用率是否过高。如果出现上述情况,则表明服务器或网络无法承载目前的服务,调整资源。再次,如果没有出现上述情况则可能是服务器遭遇病毒攻击导致,需要做病毒防护策略;服务器遭遇较大的流量攻击,但服务器没有被流量牵引。

5. 服务器无法连接网络

故障原因:流量过大,导致服务器被流量牵引;遭遇黑客入侵;服务器硬件损坏;服务器的配置不正确等。

处理方法:首先,排除上层交换设备故障、机房网络故障,确认是服务器本身故障。其次,检查服务器配置,正确配置服务器网络设置。然后,对于病毒攻击,做好病毒防护;对于硬件损坏,采用替代法。

思　考　题

1. 什么是服务器？服务器的硬件系统与普通计算机的硬件系统有何区别？

2. 服务器有哪些类型？各有何特点？

3. 租用服务器应注意哪些问题？购买服务器又应注意哪些问题？

4. 什么是 RAID？RAID 有哪些类型？RAID 的工作原理如何？RAID 有哪些特点？

5. RAID 有哪些基本级别？什么是 RAID 5？RAID 5 有何优缺点？如何制作 RAID 5？

6. 服务器日常维护工作有哪些？

7. 服务器操作系统主要有哪些流派？各有哪些优缺点？

8. 如何安装 Windows Server 2008？如何查看服务器硬件的驱动是否安装好？

9. 如何进行服务器初始配置？

10. 服务器无法启动，分析不少于 5 种故障原因及处理方法。

第6章 常用网络服务应用搭建

【学习导航】

【学习目标】

1. 认知目标

了解常用的 FTP、Web、DNS 等服务技术的工作原理。

2. 技能目标

掌握 FTP、Web、DNS 等服务应用的基本搭建方法。

【实验环境】

1. 实验工具

大、小一字磁性起子各一把,大、小十字磁性起子各一把,尖嘴钳一把,镊子一把,剪刀一把,网线测试仪一台。

2. 实验设备

一台路由器、数台计算机和 DELL Power EdgeR320 机架式服务器一台组成的局域网环境,含有相关软件的 U 盘。

3. 实验软件

Serv-U.FTP 软件,待发布网站一个或两个。

4. 实验材料

超五类双绞线数米,RJ-45 连接器(水晶头)若干。

6.1 基础知识

6.1.1 网络服务概述

1. 什么是网络服务

网络服务是指一些在网络上运行的、面向服务的、基于分布式程序的软件模块,网络服务采用超文本传输协议(HTTP,Hyper Text Transfer Protocol)和可扩展标记语言(XML,eXtensible Markup Language)等互联网通用标准,使人们可以在不同的地方通过不同的终端设备访问 Web 上的数据,如网上订票、网上购物、在线学习、电子商务、电子政务、公司业务流程等。随着科学技术的发展,网络服务已渗透到人们的生活、学习、工作的方方面面。

常用的网络服务有 FTP、Web、DNS、DHCP、E-mail 等。本章主要介绍学校教学工作中常用的 FTP、Web、DNS 等服务。

2. 服务器应用系统架构

(1) C/S(Client/Server)结构

C/S 结构是客户机和服务器结构,是软件系统体系结构,是计算机软件协同工作的一种模式。这种系统结构充分利用两端硬件环境的优势,将任务合理分配到 Client 端和 Server 端来实现,降低了系统的通信开销。服务器通常采用高性能的 PC、工作站或小型机,并采用大型数据库系统,如 ORACLE、SYBASE、InFORMix 或 SQL Server。客户端需要安装专用的客户端软件。

在 C/S 结构的系统中,应用程序分为客户端和服务器端两大部分。客户端部分为每个用户所专有,而服务器端部分则由多个用户共享其信息与功能。客户端部分通常负责执行前台功能,如管理用户接口、数据处理和报告请求等;而服务器端部分执行后台服务,如管理共享外设、控制对共享数据库的操作等。这种体系结构由多台计算机构成,它们有机地结合在一起,协同完成整个系统的应用,从而达到系统中软件、硬件资源最大限度的利用。

C/S 结构主要的特点:应用服务器运行数据负荷较轻,数据的储存管理功能较为透明,C/S 架构维护成本高且投资大。

C/S 结构比较适合于在小规模、用户数较少(≤100)、单一数据库且有安全性和快速性保障的局域网环境下运行,所以得到了广泛的应用。但随着应用系统的大型化,以及用户对系统性能要求不断提高,两层模式的 C/S 结构越来越满足不了用户需求。这主要体现在程序开发量大、系统维护困难、客户机负担过重、成本增加及系统的安全性难以保障等方面。

(2) B/S(Browser/Server)结构

B/S 结构是浏览器和服务器模式,是 Web 兴起后的一种网络结构模式,Web 浏览器是客户端最主要的应用软件。这种模式统一了客户端,将系统功能实现的核心部分集中到服务器上,简化了系统的开发、维护和使用。客户机上只要安装一个浏览器,如 Netscape Navigator 或 Internet Explorer,服务器安装 SQL Server、Oracle、MYSQL 等数据库。浏览器通过 Web 服务器同数据库进行数据交互。

B/S 结构主要是利用了不断成熟的 Web 浏览器技术,结合浏览器的多种脚本语言和 ActiveX 技术,用通用浏览器实现原来需要复杂专用软件才能实现的强大功能,同时节约了开发成本。B/S 结构的使用越来越多,特别是由需求推动了 AJAX(Asynchronous Javascript and XML)技术的发展,它的程序也能在客户端计算机上进行部分处理,从而大大地减轻了服务器的负担,并增加了交互性,能进行局部实时刷新。

B/S 结构主要的特点:一、系统维护和升级方式简单,只需维护服务器,客户端零维护。二、服务器操作系统的选择多,成本低。三、应用服务器运行数据负荷较重,一旦发生服务器崩溃等问题,后果不堪设想。因此,许多单位都备有数据库存储服务器,以防万一。

6.1.2　FTP 服务器

1. FTP 服务器概念

FTP 服务器是在互联网上提供文件存储和访问服务的计算机,它们依照 FTP 协议提供服务。FTP 的全称是 File Transfer Protocol,是专门用来传输文件的协议。简单地说,支持 FTP 协议的服务器就是 FTP 服务器。

一般来说用户联网的首要目的就是实现信息共享,文件传输是信息共享非常重要的内容之一。Internet 是一个非常复杂的计算机环境,有 PC、工作站、MAC、大型机,连接在 Internet 上的计算机成千上万台,而这些计算机可能运行不同的操作系统,有运行 Unix 的服务器,也有运行 Dos、Windows 的 PC 机和运行 MacOS 的苹果机等等,而各种操作系统之间的文件交流需要建立一个统一的文件传输协议,这就是所谓的 FTP。基于不同的操作系统有不同的 FTP 应用程序,而所有这些应用程序都遵守同一种协议,这样用户就可以把自己的文件传送给别人,或者从其他的用户环境中获得文件。

FTP 是一个客户机/服务器系统。用户通过一个支持 FTP 协议的客户机程序,连接到在远程主机上的 FTP 服务器程序。用户通过客户机程序向服务器程序发出命令,服务器程序执行用户所发出的命令,并将执行的结果返回到客户机。例如,用户发出一条命令,要求服务器向用户传送某一个文件的一份拷贝,服务器会响应这条命令,将指定文件送至用户的机器上。客户机程序代表用户接收到这个文件,将其存放在用户目录中。

2. 用户类型

（1）Real 帐户

这类用户是指在 FTP 服务上拥有帐号。当这类用户登录 FTP 服务器的时候,其默认的主目录就是其帐号命名的目录。而且,还可以变更到其他目录中去,如系统的主目录等。

（2）Guest 用户

在 FTP 服务器中,我们往往会给不同的部门或者某个特定的用户设置一个帐户。服务器通过这种方式来保障 FTP 服务上其他文件的安全性。拥有这类用户的帐户,只能够访问其主目录下的目录,而不得访问主目录以外的文件。

（3）Anonymous 用户

这也是我们通常所说的匿名访问。这类用户是指在 FTP 服务器中没有指定帐户,但是其仍然可以进行匿名访问某些公开的资源。

在组建 FTP 服务器的时候,我们就需要根据用户的类型,对用户进行归类。默认情况下,Vsftpd(very secure FTP daemon)服务器会把建立的所有帐户都归属为 Real 用户。但是,这往往不符合企业安全的需要。因为这类用户不仅可以访问自己的主目录,而且还可以访问其他用户的目录。这就给其他用户所在的空间带来一定的安全隐患。所以企业要根据实际情况,修改用户所在的类别。

3. FTP 的使用

在 FTP 的使用当中,用户经常遇到两个概念,即下载(Download)和上载/上传(Upload)。下载文件就是从远程主机拷贝文件至自己的计算机上;上载/上传文件就是将文件从自己的计算机拷贝至远程主机上。用 Internet 语言来说,用户可通过客户机程序向(从)远程主机上载/上传(下载)文件。

使用 FTP 时必须首先登录,在远程主机上获得相应的权限以后,方可上传或下载文件。也就是说,要想同哪一台计算机传送文件,就必须具有该台计算机的适当授权。换言之,除非有用户 ID 和口令,否则便无法传送文件。这种情况违背了 Internet 的开放性,Internet 上的 FTP 主机何止千万台,不可能要求每个用户在每一台主机上都拥有帐号。匿名 FTP 就是为解决这个问题而产生的。

匿名 FTP 是这样一种机制,用户可通过它连接到远程主机上,可从其下载文件,而无须成为其注册用户。系统管理员建立了一个特殊的用户 ID,名为 Anonymous,Internet 上的任何人在任何地方都可使用该用户 ID。通过 FTP 程序连接匿名 FTP 主机的方式同连接普通 FTP 主机的方式差不多,只是在要求提供用户标识 ID 时须输入 Anonymous,该用户 ID 的口令可以是任意的字符串。习惯上,用自己的 E-mail 地址作为口令,使系统维护程序能够记录下来谁在存取这些文件。值得注意的是,匿名 FTP 不适用于所有 Internet 主机,它只适用于那些提供了这项服务的主机。当远程主机提供匿名 FTP 服务时,会指定某些目录向公众开放,允许匿名存取。系统中的其余目录则处于隐匿状态。作为一种安全措施,大多数匿名 FTP 主机都允许用户从其下载文件,而不允许用户向其上载文件,也就是说,用户可将匿名 FTP 主机上的所有文件全部拷贝到自己的机器上,但不能将自己机器上的任何一个文件拷贝至匿名 FTP 主机上。即使有些匿名 FTP 主机确实允许用户上载文件,用户也只能将文件上载至某一指定上载目录中。随后,系统管理员会去检查这些文件,他会将这些文件移至另一个公共下载目录中,供其他用户下载,利用这种方式,远程主机的用户得到了保护,避免了有人上载有问题的文件,如带病毒的文件。

作为一个 Internet 用户,可通过 FTP 在任何两台 Internet 主机之间拷贝文件。但是,实际上大多数人只有一个 Internet 帐户,FTP 主要用于下载公共文件,例如共享软件、各公司技术支持文件等。

Internet 上有成千上万台匿名 FTP 主机,这些主机上存放着数不清的文件,供用户免费拷贝。实际上,几乎所有类型的信息,所有类型的计算机程序都可以在 Internet 上找到。这是 Internet 吸引我们的重要原因之一。

匿名 FTP 使用户有机会存取到世界上最大的信息库,这个信息库是日积月累起来的,并且还在不断增长,永不关闭,涉及几乎所有主题,而且这一切是免费的。匿名 FTP 是 Internet 上发布软件的常用方法。Internet 之所以能延续到今天,是因为人们使用通过标准协议提供标准服务的程序。像这样的程序,有许多就是通过匿名 FTP 发布的,任何人都可以存取它们。Internet 上有数目巨大的匿名 FTP 主机以及更多的文件,那么到底怎样才能知道某一特定文件位于哪台匿名 FTP 主机上的哪个目录中呢? 这正是 Archie 服务器所要完成的工作。Archie 将自动在 FTP 主机中进行搜索,构造一个包含全部文件目录信息的数据库,使你可以直接找到所需文件的位置信息。

4. 软件种类

(1) Serv-U

Serv-U 是一种被广泛运用的 FTP 服务器端软件,支持全 Windows 系列操作系统,可以设定多个 FTP 服务器、限定登录用户的权限、登录主目录及空间大小等,功能非常完备。它具有非常完备的安全特性,支持服务器端嵌入(SSI FTP,Server Side Include)传输,支持在多个 Serv-U 和 FTP 客户端通过安全套接层(SSL,Secure Socket Layer)加密连接保护用户的数据安全等。

Serv-U 是众多的 FTP 服务器软件之一。通过使用 Serv-U,用户能够将任何一台 PC 设置成一个 FTP 服务器,这样,用户或其他使用者就能够使用 FTP 协议,通过在同一网络上的任何一台 PC 与 FTP 服务器连接,进行文件或目录的复制、移动、创建和删除等。FTP 协议是专门被用来规定计算机之间进行文件传输的标准和规则,正是有了 FTP 这样的专门协议,才使得人们能够通过不同类型的计算机,使用不同类型的操作系统,对不同类型的文件进行相互传递。

(2) FileZilla

FileZilla 是一款经典的开源 FTP 解决方案,包括 FileZilla 客户端和 FileZilla Server。其中,FileZilla Server 的功能比起商业软件 FTP Serv-U 毫不逊色。无论是传输速度还是安全性方面,都是非常优秀的。

(3) VSFTP

VSFTP 全称是 Very Secure FTP,是一个基于 GNU 通用公共许可协议(GPL,GNU General Public License)发布的类 Unix 系统上使用的 FTP 服务器软件,编制者的初衷是代码的安全。

安全性是编写 VSFTP 的初衷,除了这与生俱来的安全特性以外,高速与高稳定性也是 VSFTP 的两个重要特点。在速度方面,使用 ASCII 代码的模式下载数据时,VSFTP 的速度是 Wu-FTP 的两倍。在稳定方面,VSFTP 就更加出色,VSFTP 在单机(非集群)上支持 4 000 个以上的并发用户同时连接,根据红帽的 FTP 服务器(ftp.redhat.com)的数据,VSFTP 服务器可以支持 15 000 个并发用户。

(4) IIS FTP

互联网信息服务(IIS,Internet Information Services)是由微软公司提供的基于运行 Microsoft Windows 的互联网基本服务。IIS 是一种 Web 服务组件,其中包括 Web 服务器、FTP 服务器、NNTP(Network News Transfer Protocol)服务器和 SMTP(Simple Mail Transfer Protocol)服务器,分别用于网页浏览、文件传输、新闻服务和邮件发送等方面,它使得在网络(包括互联网和局域网)上发布信息成了一件很容易的事。它一般内置在 Windows Server 中,而 Windows 有的版本没有 IIS。

6.1.3　Web 服务器

1. Web 服务器的概念

Web 服务器是一个网站服务器,主要功能是提供网上信息浏览服务,服务器架构采用的是浏览器/服务器结构。Web 服务器也可以放置网站文件、数据文件,Web 浏览器(客户端)可以浏览网站信息,也可以下载文件等资源。Web 服务器不仅能够存储信息,还能在用户通过 Web 浏览器提供的信息的基础上运行脚本和程序。

Web 服务器也称为 WWW(World Wide Web)服务器,WWW 是缩写,简称为 Web、W3,中文译为环球信息网、万维网、环球网等。

2. Web 服务器的使用协议

Web 服务器应用层使用 HTTP 协议和 HTTPS 协议。下面分别介绍这两种协议。

(1) HTTP 协议

HTTP 协议是 Hyper Text Transfer Protocol 的简称,即超文本传输协议,是互联网上应用最为广泛的一种网络协议。所有的 WWW 文件都必须遵守这个标准。设计 HTTP 最初的目的是提供一种发布和接收 HTML 页面的方法。1960 年美国人泰德·尼尔森构思了一种通过计算机处理文本信息的方法,并称之为超文本,这成为 HTTP 超文本传输协议标准架构的发展基础。

HTTP 协议的功能有以下三点:一、HTTP 协议用于从 Web 服务器传输超文本到本地浏览器的传输协议,它可以使浏览器更加高效,使网络传输减少,它不仅保证计算机正确快速地传输超文本文档,还确定传输文档中的哪一部分,以及哪部分内容首先显示(如文本先于图形)等。二、HTTP 是客户端浏览器或其他程序与 Web 服务器之间的应用层通信协议。在 Internet 上的 Web 服务器上存放的都是超文本信息,客户机需要通过 HTTP 协议传输所要访问的超文本信息。HTTP 包含命令和传输信息,不仅可用于 Web 访问,也可以用于其他因特网/内联网应用系统之间的通信,从而实现各类应用资源超媒体访问的集成。三、每个网页也都有一个 Internet 地址,当在浏览器的地址框中输入一个网站地址或是单击一个超级链接时,浏览器通过 HTTP 协议,将 Web 服务器上站点的网页代码提取出来,并翻译成漂亮的网页。

HTML 是 Hyper Text Markup Language 的缩写,即超文本标记语言,是用于创建 Web 文档的标准语言。它是标准通用标记语言下的一个应用,也是一种规范,一种标准,它通过标记符号来标记要显示的网页中的各个部分。超文本就是指页面内可以包含图片、链接,甚至音乐、程序等非文字元素。超文本标记语言的结构包括头部(Head)和主体部分(Body),其中头部提供关于网页的信息,主体部分提供网页的具体内容。超文本标记语言网页文件本身是一种文本文件,通过在文本文件中添加标记符,可以告诉浏览器如何显示其中的内容,如文字如何处理、画面如何安排、图片如何显示等。浏览器按顺序阅读网页文件,然后根据标记符解释和显示其标记的内容,对书写出错的标记不指出其错误,且不停止其解释执行过程,编制者只能通过显示效果来分析出错原因和出错部位。

但需要注意的是,对于不同的浏览器,对同一标记符可能会有不完全相同的解释,因而可能会有不同的显示效果。

URL 是 Uniform Resource Locator 的缩写,即统一资源定位符,是对可以从互联网上得到的资源的位置和访问方法的一种简洁的表示,是互联网上标准资源的地址。互联网上的每个文件都有一个唯一的 URL,它包含的信息指出文件的位置以及浏览器应该怎么处理它。基本 URL 包含模式(或称协议)、服务器名称(或 IP 地址)、路径和文件名,如协议://授权/路径? 查询。完整的、带有授权部分的普通统一资源标志符语法格式:协议://用户名:密码@子域名.域名.顶级域名:端口号/目录/文件名.文件后缀? 参数=值♯标志。

第一部分,模式/协议,它告诉浏览器如何处理将要打开的文件。最常用的模式是超文本传输协议 HTTP,这个协议可以用来访问网络。

第二部分,文件所在的服务器的名称或 IP 地址,后面是到达这个文件的路径和文件本身的名称。服务器的名称或 IP 地址后面有时还跟一个冒号和一个端口号。端口号为整数,可选,省略时使用默认端口,各种传输协议都有默认的端口号,如 HTTP 的默认端口为 80。有时候出于安全或其他考虑,可以在服务器上对端口进行重定义,即采用非标准端口号,此时,URL 中就不能省略端口号这一项。路径部分包含等级结构的路径定义,一般来说不同部分之间以斜线(/)分隔。询问部分一般用来传送对服务器上的数据库进行动态询问时所需要的参数。有时候,URL 以斜杠"/"结尾,而没有给出文件名,在这种情况下,URL 引用路径中最后一个目录中的默认文件(通常对应于主页),这个文件常常被称为 index.html 或 default.htm。

(2) HTTPS 协议

HTTPS 协议全称是 Hyper Text Transfer Protocol over Secure Socket Layer,即安全套接字层超文本传输协议,是以安全为目标的 HTTP 通道,简单讲是 HTTP 的安全版。HTTP 下加入安全套接层 SSL,HTTPS 的安全基础是 SSL,因此加密的详细内容就需要 SSL。它是一个抽象标识符体系,句法类同"http:"体系,用于安全的 HTTP 数据传输。"https:"URL 表明它使用了 HTTP,但 HTTPS 存在不同于 HTTP 的默认端口及一个加密/身份验证层(在 HTTP 与 TCP 之间)。

HTTP 协议被用于在 Web 浏览器和网站服务器之间传递信息。HTTP 协议以明文方式发送内容,不提供任何方式的数据加密,如果攻击者截取了 Web 浏览器和网站服务器之间的传输报文,就可以直接读懂其中的信息,因此 HTTP 协议不适合传输一些敏感信息,比如信用卡号、密码等。为了数据传输的安全,HTTPS 在 HTTP 的基础上加入了 SSL 协议,SSL 依靠证书来验证服务器的身份,并为浏览器和服务器之间的通信加密。

HTTPS 和 HTTP 的区别主要有四点:一、HTTPS 协议需要到 CA(Certification Authority)申请证书,一般免费证书很少,需要交费。二、HTTP 是超文本传输协议,信息是明文传输,HTTPS 则是具有安全性的 SSL 加密传输协议。三、HTTPS 和 HTTP 使用的是完全不同的连接方式,用的端口也不一样,前者是 443,后者是 80。四、HTTP 的连接很简单,是无状态的。HTTPS 协议比 HTTP 协议安全,是由 SSL＋HTTP 协议构建的可进行加密传输、身份认证的网络协议。

3. Web 服务器的类型

Web 服务器类型主要是 Apache、Nginx、IIS。Windows、Linux 与 Unix 这三个操作系统是架设 Web 服务器比较常见的操作系统。其中,Linux 的安全性能在这三个操作系统中最高,可以支持多个硬件平台,其网络功能比较强大。Linux 操作系统具有两大优点,一方面是可以依据用户不同的需求来随意修改、调整与复制各种程序的源码以及发布在互联网上,另一方面是操作系统的市场价格比较便宜,也能够在互联网上免费下载源码。因此,Linux 是架设高效安全的 Web 服务器比较理想的操作系统。

为了让 Web 服务器更具有优越的性能,可以根据服务器系统的特点与用途作进一步的优化与处理,尽量减少 Web 服务器的数据传输量以及降低其数据传输的频率,进而促进网络宽带的利用率与使用率,以及提高网络客户端的网页加载的速度,同时也可以减少 Web 服务器各种资源的消耗。

(1) Apache

Apache HTTP Server 简称 Apache,是 Apache 软件基金会的一个开放源码的网页服务器,是一个模块化的服务器,源于 NCSAhttpd 服务器,可以在大多数计算机操作系统中运行,由于其多平台和安全性被广泛使用,是最流行的 Web 服务器端软件之一。Apache 取自“a patchy server”的读音,意思是充满补丁的服务器,因为它是自由软件,所以不断有人来为它开发新的功能、新的特性,修改原来的缺陷。

Apache 的优点是简单、速度快、性能稳定、可移植,可作代理服务器来使用等,其源代码开放,它可以运行在几乎所有的 Unix、Windows、Linux 系统平台上。

Apache 有多种产品,可以支持 SSL 技术,支持多个虚拟主机。Apache 是以进程为基础的结构,进程要比线程消耗更多的系统开支,不太适合于多处理器环境,因此,在一个 Apache Web 站点扩容时,通常是增加服务器或扩充群集节点而不是增加处理器。世界上很多著名的网站如 Amazon、Yahoo!、W3 Consortium、Financial Times 等都是 Apache 的产物。

(2) Nginx

Nginx(engine x)是一款轻量级的 Web 服务器和反向代理服务器,也是电子邮件 IMAP(Internet Mail Access Protocol)/POP 3(Post Office Protocol 3)/SMTP 代理服务器。Nginx 是由伊戈尔·赛索耶夫为俄罗斯访问量第二的 Rambler.ru 站点开发的,第一个公开版本 0.1.0 发布于 2004 年 10 月 4 日,Nginx 将源代码以类 BSD(Berkeley Software Distribution)许可证的形式发布。

Nginx 的特点:性能稳定,功能集丰富,占有内存少和低系统资源的消耗,并发能力强。

Nginx 可以在大多数 Unix、Linux 上编译运行,并有 Windows 移植版。使用 Nginx 的网站用户有百度、京东、新浪、网易、腾讯、淘宝等。

(3) IIS

在 6.1.2 节已说过 IIS 是一种 Web 服务组件,包含了 Web 服务器。IIS 是允许在公共互联网上发布信息的 Web 服务器,它提供了一个图形界面的管理工具,称为 Internet

服务管理器,可用于监视配置和控制 Internet 服务,以及提供了 ISAPI(Internet Server Application Programming Interface)作为扩展 Web 服务器功能的编程接口,和一个 Internet 数据库连接器,可以实现对数据库的查询和更新。

IIS 的特点是安全脆弱性,一旦 IIS 出现远程执行漏洞威胁将会非常严重。远程执行代码漏洞存在于 HTTP 协议堆栈(HTTP.sys)中,当 HTTP.sys 未正确分析经特殊设计的 HTTP 请求时会导致此漏洞。成功利用此漏洞的攻击者可以在系统帐户的上下文中执行任意代码,可以导致 IIS 服务器所在机器蓝屏或读取其内存中的机密数据。

IIS 是目前最流行的 Web 服务器产品之一,很多著名的网站都是建立在 IIS 的平台上。

4. Web 服务器的工作原理

Web 服务器的工作原理并不复杂,一般可分成如下四个步骤:连接过程、请求过程、应答过程和关闭连接,如图 6-1 所示。下面对这四个步骤作一简单的介绍。

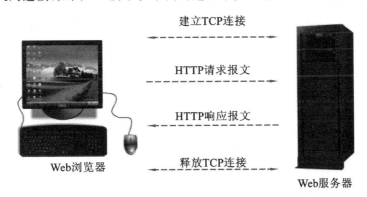

图 6-1　Web 服务器的工作原理

连接过程就是 Web 服务器和其浏览器之间所建立起来的一种连接。查看连接过程是否实现,用户可以找到和打开 Socket(Socket 是对 TCP/IP 协议的封装,是一个调用接口,通过 Socket,我们才能使用 TCP/IP 协议)这个虚拟文件,这个文件的建立意味着连接过程这一步骤已经成功建立。

请求过程就是 Web 的浏览器运用 Socket 这个文件向其服务器提出各种请求。

应答过程就是运用 HTTP 协议把在请求过程中所提出来的请求传输到 Web 的服务器,进而实施任务处理,然后运用 HTTP 协议把任务处理的结果传输到 Web 的浏览器,同时在 Web 的浏览器上面展示上述所请求之界面。

关闭连接就是上一个步骤应答过程完成后,Web 服务器和浏览器之间断开连接的过程。

Web 服务器上述四个步骤环环相扣、紧密相连,逻辑性比较强,可以支持多个进程、多个线程以及多个进程与多个线程相混合的技术。

5. Web 服务器的安全策略

盗用帐号、缓冲区溢出以及执行任意命令是 Web 服务器比较常见的安全漏洞。黑客攻击、蠕虫病毒以及木马是 Internet 比较常见的安全漏洞。口令攻击、拒绝服务攻击以及 IP 欺骗是黑客攻击比较常见的类型。随着网络技术的不断发展,Web 服务器面临着许多安全威胁,直接影响到 Web 服务器的安全。因此,加强 Web 服务器的安全防护是一项非常重要的工作,Web 服务器的安全策略有以下三个方面。

(1)加强 Web 服务器的安全设置

以 Linux 为操作平台的 Web 服务器的安全设置策略,能够有效降低服务器的安全隐患,以确保 Web 服务器的安全性,主要包括登录需用户名与密码的安全设置、系统口令的安全设置、BIOS 的安全设置、使用 SSL 通信协议、命令存储的修改设置、隐藏系统信息、启用日志记录功能以及设置 Web 服务器有关目录的权限等。

(2)加强互联网的安全防范

Web 服务器需要对外提供服务,它既有域名又有广域网的网址,显然存在一些安全隐患。所以,可给 Web 服务器分配私有的地址,并且运用防火墙来作网络地址转换可将其进行隐藏,同时因为一些攻击来源于内网的攻击,比如把局域网计算机和 Web 服务器存放在相同的局域网之内,在一定程度上会增加很多安全隐患,所以必须把它划分为不同的虚拟局域网,运用防火墙的地址转换来提供相互间的访问,这样就大大提高了 Web 服务器的安全性和可靠性,亦可把 Web 服务器连接至防火墙的隔离区端口,将不适宜对外公布的重要信息的服务器放于内部网络,进而在提供对外的服务的同时,可以最大限度地保护好内部网络。

(3)网络管理员要不断加强网络日常安全的维护与管理

要对管理员用户名与密码定期修改。要对 Web 服务器系统的新增用户情况进行定时核对,并且需要认真仔细了解网络用户的各种功能。要及时更新 Web 服务器系统的杀毒软件以及病毒库,必要时可针对比较特殊的病毒安装专门杀毒的程序,同时要定期查杀 Web 服务器的系统病毒,定期查看 CPU 的正常工作使用状态、后台工作进程以及应用程序,假若发现异常情况需要及时给予妥当处理。因为很多病毒均是运用系统漏洞来进行攻击的,所以需要不断自动更新 Web 服务器系统,以及定期扫描 Web 服务器系统的漏洞。

Web 服务器已经成为病毒的重灾区。不但企业的门户网站被篡改、资料被窃取,而且还成为病毒的传播者。有些 Web 管理员采取了一些措施,虽然可以保证门户网站的主页不被篡改,但是却很难避免自己的网站被用来传播病毒、恶意插件等。这很大一部分原因是管理员在 Web 安全防护上太被动,他们只是被动地防御。为了彻底提高 Web 服务器的安全,Web 安全防护要主动。

6.1.4 DNS 服务器

1. DNS 服务器的概念

DNS 全称是 Domain Name Server,即域名服务器,是进行域名和与之相对应的 IP 地址转换的服务器。域名是 Internet 上某一台计算机或计算机组的名称,用于在数据传输时标识计算机的电子方位(有时也指地理位置),也就是发布网页的单位的名称,是一个通过计算机登上网络的单位在该网中的地址。

　　互联网络是基于 TCP/IP 协议进行通信和连接的,网络在区分所有与之相连的计算机和服务器时,均采用了一种唯一、通用的地址格式,即每一个与网络相连接的计算机和服务器都被指派了一个独一无二的 IP 地址。IP 地址用二进制数来表示,每个 IPv4 地址长 32 比特,由 4 个小于 256 的数字组成,数字之间用点间隔,例如 10.144.1.245 表示一个 IP 地址。由于 IP 地址是数字标识,使用时难以记忆和书写,因此在 IP 地址的基础上又发展出一种符号化的地址方案,来代替数字型的 IP 地址。每一个符号化的地址都与特定的 IP 地址对应,这样网络上的资源访问起来就容易得多了。这个与网络上的数字型 IP 地址相对应的字符型地址,就被称为域名。

　　域名类型有两种,一是国际域名,也叫国际顶级域名。这也是使用最早也最广泛的域名。例如表示工商企业的“.com”,表示网络提供商的“.net”,表示非盈利组织的“.org”等。二是国内域名,又称为国内顶级域名,即按照国家的不同分配不同后缀,这些域名即为该国的国内顶级域名。200 多个国家和地区都按照 ISO 3166 国家代码分配了顶级域名,例如“cn”中国,“de”德国,“us”美国,“jp”日本。

　　DNS 规定,域名由两个或两个以上的标号构成,标号之间用点号分隔开,最右边标号称为顶级域名。域名中的标号都由英文字母和数字组成,每一个标号不超过 63 个字符,也不区分大小写字母。标号中除连字符“-”外不能使用其他的标点符号。级别最低的域名写在最左边,而级别最高的域名写在最右边,即在一个域名中,最右边的标号必须是顶级域名。由多个标号组成的域名总共不超过 253 个字符。一些国家也纷纷开发使用采用本民族语言构成的域名,如德语、法语等。中国也开始使用中文域名,但可以预计的是,在中国国内今后相当长的时期内,以英语为基础的域名(英文域名)仍然是主流。如百度网站域名 www.baidu.com 由三部分组成,标号 com 是一个国际域名,是顶级域名;标号 baidu 是这个域名的主体,为二级域名;标号 www 是网络名,为三级域名。

2. 域名解析与域名服务

　　域名解析是把域名指向网站空间的 IP 地址,让人们通过注册的域名可以方便地访问到网站的一种服务。IP 地址是网络上标识站点的数字地址,为了方便记忆,采用域名来代替 IP 地址标识站点地址。域名解析是为了方便记忆而专门建立的一套地址转换系统,要访问一台互联网上的服务器,最终还必须通过 IP 地址来实现,域名解析就是将域名重新转换为 IP 地址的过程。一个域名对应一个 IP 地址,一个 IP 地址可以对应多个域名,所以多个域名可以同时被解析到一个 IP 地址。域名解析需要由专门的域名解析服务器来完成。

　　例如,一个网站域名为 abc.com,如果要访问该网站,就要进行解析。首先,在域名注册商那里通过专门的 DNS 服务器解析到一个 Web 服务器的一个固定 IP 上,如 10.144.1.236。然后,通过 Web 服务器来接收这个域名,把 abc.com 这个域名映射到这台服务器上。那么输入 abc.com 这个域名就可以实现访问网站内容了,即实现了域名解析的全过程。

　　域名服务作为可以将域名和 IP 地址相互映射的一个分布式数据库,能够使人更方便地访问互联网,而不用去记住能够被机器直接读取的 IP 地址。DNS 是一个 Internet

和 TCP/IP 的服务,用于映射网络地址号码。例如,10.144.1.236 映射为好记的名字,如 abc.com。TCP/IP 的实用工具如文件传输协议(FTP)和简单邮件传输协议(SMTP)也通过访问 DNS 来确定你所指定的名字,并将其分解为网络地址。当选择了一个名字后,DNS 将该名字翻译为一个 IP 地址,并将其插入传输的信息中。DNS 的一个重要特点是,其地址信息是存在一个层次结构的多个地方,而不是在一个中心站点。每个场所都有一个域名服务器来维护本地节点的信息。

3. DNS 服务器的工作原理

当客户端想要查询某网站的信息时,在浏览器地址框中输入该网站域名,或者从其他网站单击链接来到这个域名,浏览器向本地的 DNS 服务器发出域名请求,而 DNS 服务器要查询域名数据库,看这个域名的 DNS 服务器是什么,要回答此域名的真正 IP 地址。而当地的 DNS 先会查自己的资料库,如果自己的资料库没有,则会往该 DNS 上所设的 DNS 询问,依此得到答案之后,将收到的答案存起来,并回答客户。DNS 服务器会根据不同的授权区(Zone),记录所属该网域下的各名称资料,这个资料包括网域下的网域名称及主机名称。

在每一个 DNS 服务器中都有一个快取缓存区(Cache),这个快取缓存区的主要目的是将该 DNS 服务器所查询出来的名称及相对的 IP 地址记录于快取缓存区中,这样当下一次还有另外一个客户端到此 DNS 服务器上去查询相同的名称时,DNS 服务器就不用再到别台主机上去寻找,而直接可以从缓存区中找到该名称记录资料,传回给客户端,加速客户端对名称查询的速度。

缓存信息不会保存很久,通常是一两个小时或一两天,缓存时间一到服务器会再次进行域名查询。每个 DNS 都会有一个保存根 DNS 服务器信息的文件,同样保存此根 DNS 服务器信息的文件也需要随时根据变化进行更新,但通常保存根 DNS 服务器信息的文件被更新的频率不是很频繁。

DNS 服务器询问模式有递归式和迭代式两种,递归式模式是将要查询的封包送出去问,就等待正确名称的正确响应,这种方式只处理响应回来的封包是否是正确响应或是否是找不到该名称的错误信息。迭代式模式是送封包出去问,所响应回来的资料不一定是最后正确的名称位置,但也不是如上所说的响应回来是错误信息,它响应回来的是部分信息,告诉客户所查询域名中的下一级域的域名服务器的地址信息,然后再到此域名服务器上去查询所要解析的名称,反复动作直到找到最终信息。一般查询过程中,这两种查询模式是交互存在着的。

4. DNS 服务器类型

DNS 服务器有主域名服务器、辅助域名服务器、缓存域名服务器、转发域名服务器等类型。

主域名服务器负责维护一个区域的所有域名信息,是特定的所有信息的权威信息源,数据可以修改。

辅助域名服务器,当主域名服务器出现故障、关闭或负载过重时,辅助域名服务器作为主域名服务器的备份提供域名解析服务。辅助域名服务器中的区域文件中的数据是从另外的一台主域名服务器中复制过来的,是不可以修改的。

缓存域名服务器,从某个远程服务器取得每次域名服务器的查询回答,一旦取得一个答案就将它放在高速缓存中,以后查询相同的信息就用高速缓存中的数据回答,缓存域名服务器不是权威的域名服务器,因为它提供的信息都是间接信息。

转发域名服务器,负责所有非本地域名的本地查询。转发域名服务器接到查询请求后,在其缓存中查找,如找不到就将请求依次转发到指定的域名服务器,直到查找到结果为止,否则返回无法映射的结果。

6.2　实验操作

6.2.1　FTP 服务器搭建

在局域网环境中,选取一台计算机作为服务器,其他计算机作为客户端,利用 Serv-U 软件搭建 FTP 服务。

1. 在服务器端安装 Serv-U 软件

(1) 将有 Serv-U 软件的 U 盘插入服务器 USB 接口。打开 Serv-U 软件,运行 Setup.exe,出现安装对话框,单击“下一步”。

(2) 选择“我接受协议”,单击“下一步”。

(3) 选择安装路径为系统盘 C 盘,单击“下一步”。

(4) 选择程序快捷方式设置开始菜单文件夹,单击“下一步”。

(5) 选择安装软件时要执行的附加任务,如图 6-2 选择 Serv-U 作为系统服务安装,单击“下一步”。

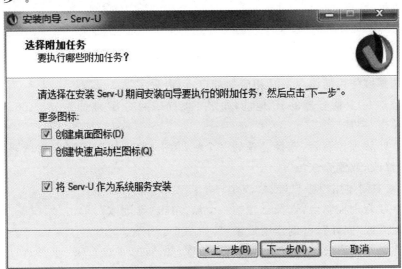

图 6-2　Serv-U 软件安装

（6）检查是否要更改设置，确认开始安装，单击"安装"，计算机自动安装 Serv-U 软件。自动安装完成后出现完成安装对话框，单击"完成"结束 Serv-U 软件安装。

2．FTP 服务器设置

Serv-U 程序安装好后，运行 Serv-U 程序，打开 Serv-U 管理控制台。

（1）新建域（或修改域）

首先在 Serv-U 管理控制台，单击"新建域"，填写域名，这个域名用于区分服务器上的其他域，如 work。勾选启用域，单击"下一步"，如图 6-3 所示。

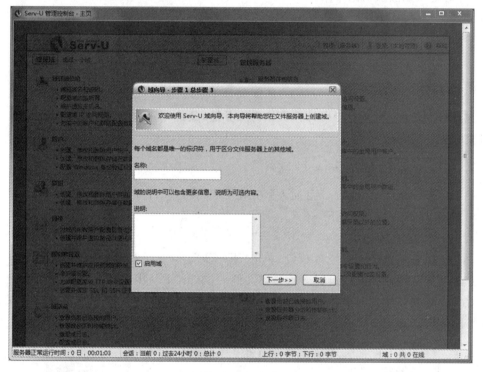

图 6-3　新建域

其次，选择域使用的协议及其相应的端口，可以采用默认设置。

然后，添加 FTP 服务器的 IP 地址，如服务器局域网的 IP 地址为 192.168.0.100，则添加该地址，单击"完成"。

在 Serv-U 管理控制台，选择已建的一个域，单击"管理域"，可以查看域详细信息，对域设置进行修改，或删除该域等。

（2）在域中创建用户帐户（或修改用户帐户）

在 Serv-U 管理控制台，选择已建的一个域，单击"管理域"，单击"用户"，打开用户设置，单击"添加"或"向导"，可创建用户帐户，如图 6-4 所示。

首先，在创建用户帐户对话框填写用户名称，如 user，单击"下一步"。客户端登录服务器时通过用户名标识来识别其帐户。

其次，设置用户访问密码，单击"下一步"。不设密码会造成任何知道用户名的人都

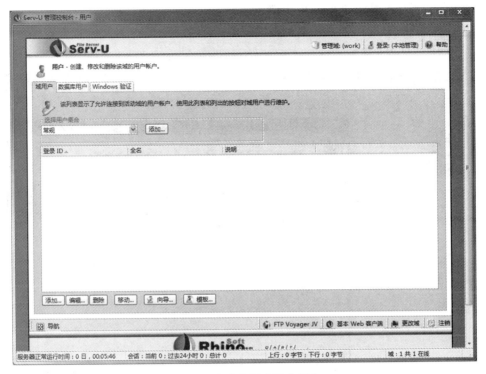

图 6-4　在域中创建用户帐户

可以访问该帐户。

　　然后,选择用户访问服务器根目录下的文件,单击"下一步"。根目录是用户成功登录服务器所处的物理位置。如果将用户锁定于根目录,则其他根目录的地址将被隐藏。

　　最后,设置访问文件的权限,单击"完成"。只读文件仅允许用户浏览并下载文件,完全访问允许用户能够完全掌握在其根目录内的文件修改、删除、下载、浏览。

　　在用户设置中,选择已建的一个用户,可以对该用户帐户进行修改设置或删除该帐户。

3. 客户端访问服务器

　　在客户端打开计算机资源管理器,在地址栏输入 ftp://FTP 服务器 IP 地址,如 192.168.0.100。或者在开始菜单的搜索程序和文件中输入 ftp://FTP 服务器 IP 地址。

　　在弹出的对话框中输入用户名、密码,单击"登录"。登录后,即可访问 FTP 服务器上文件。按照设置的访问权限可对文件进行修改、删除、上传、下载等操作。

6.2.2　Web 服务器搭建

　　首先,在安装了 Windows Server 2008 系统的服务器上做好一个待发布的网站,如实验中心网站"shiyanzhongxin",然后进行下面操作。

1. 安装 Web 服务器

　　Web 服务器组件是 Windows Server 2008 系统中 IIS 服务组件之一,默认情况下并没有被安装,用户需要手动安装 Web 服务组件。

启动服务器,单击开始→管理工具→服务器管理器,进入服务器管理器界面,单击"角色",如图 6-5 所示。

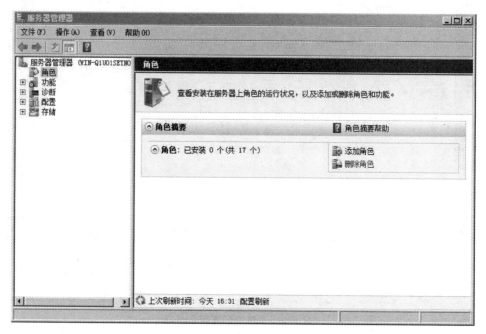

图 6-5　安装 Web 服务器

单击添加角色→下一步,勾选"Web 服务器"。单击下一步→确认安装,Web 服务器开始安装。

服务器自动完成安装后,会显示 Web 服务器安装结果。

2. 创建 Web 网站

(1) 创建 Web 网站

首先,单击开始→管理工具→服务器管理器,进入服务器管理器界面,单击角色→Web 服务器→Internet 信息服务管理器,如图 6-6 所示。

其次,在 Internet 信息服务管理器目录树的"网站"上单击右键,在右键菜单中选择新建→网站,弹出"网站创建向导"添加网站,如图 6-7 所示。

网站的名称,它会显示在 Internet 信息服务管理窗口的目录树中,方便管理员识别各个站点,如网站名为"shiyanzhongxin"。

物理路径是网站根目录的位置,可以用"浏览"按钮选择一个文件夹作为网站的主目录。

IP 地址是网站的 IP 地址,如果选择"全部未分配",则服务器会将本机所有 IP 地址绑定在该网站上,这个选项适合于服务器中只有这一个网站的情况。也可以从下拉式列表框中选择一个 IP 地址(下拉式列表框中列出的是本机已配置的 IP 地址,如果没有,应该先为本机配置 IP 地址,如 192.168.0.101,再选择)。TCP 端口,一般使用默认的端口号

80,如果改为其他值,则用户在访问该站点时必须在地址后面加端口号。

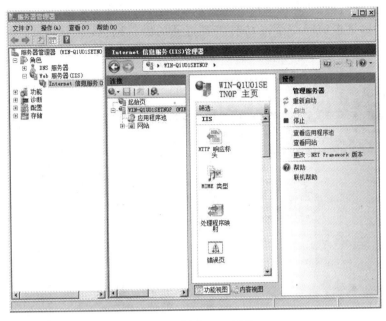

图 6-6　创建 Web 网站

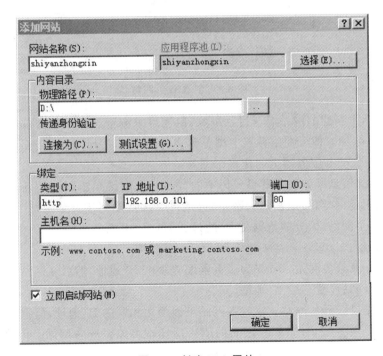

图 6-7　创建 Web 网站

主机名,如果该网站已经有域名,可以在主机名中输入网站域名;若该网站没有域名,则不填。

然后，在 Internet 信息服务管理器目录树中，单击网站→新建的网站名，如"shiyanzhongxin"，单击"默认文档"，如图 6-8 所示。在"默认文档"中添加待发布的网站首页，默认文档是指访问一个网站时想要打开的默认网页，这个网页通常是该网站的主页。

图 6-8 创建 Web 网站

最后，再单击新建的网站名→目录浏览，启用目录浏览。这时单击右边操作菜单"浏览 192.168.0.101:80"即可在服务器上浏览新建的网站，如"shiyanzhongxin"。

（2）在一台 Web 服务器上创建多个网站

在 Internet 信息服务管理器目录树中的"网站"上右键单击，选择"新建 Web 网站"，然后用"网站创建向导"可以创建新网站，每运行一次就能创建一个网站。多网站的关键是如何区分各个网站，区分的依据是 IP 地址、端口号、主机名，只要这三个参数中有任何一个不同都可以。

用 IP 地址区分各网站。首先为服务器配置多个 IP 地址，然后在网站属性的 IP 地址栏目中为每个网站设置一个 IP 地址。

用 TCP 端口区分各网站。这时各网站可以使用相同的 IP 地址，但把 TCP 端口设置得不同（应该使用 1 024～65 535 之间的值），这样也可以区分各网站。但这种方法要求用户在访问网站时，必须在地址中加入端口号，显得不太方便，一般不用。

用主机名区分各网站。主机名是一个符合 DNS 命名规则的符号串，一般就用网站的域名作为主机名。设置主机名可以在网站属性的"网站"标签中单击"高级"按钮进行设置。利用这个"高级"设置，还可以为一个网站配置多个 IP 地址，或使用不同的 TCP 端口。

3. 访问 Web 网站

在网络中的客户机上或在该服务器上访问 Web 网站,可以在网页浏览器的地址栏中输入 http://网站 IP 地址(如 192.168.0.101)。

如果网站的 TCP 端口不是 80,在地址中还需加上端口号,如 TCP 端口设置为 8080,则访问地址应写为 http://网站 IP 地址(如 192.168.0.101):8080。

6.2.3　DNS 服务器搭建

首先,在安装了 Windows Server 2008 系统的服务器上做好一个待发布的网站,其次搭建好 Web 服务器,然后进行下面操作。

1. 安装 DNS 服务器

默认情况下 Windows Server 2008 系统中没有安装 DNS 服务器,所做的第一件工作就是安装 DNS 服务器。

启动服务器,单击开始→管理工具→服务器管理器,进入服务器管理器界面,单击"角色",如图 6-5 所示。单击添加角色→勾选 DNS 服务器。单击下一步→确认安装,DNS 服务器开始自动安装。

服务器自动完成安装后,会显示 DNS 服务器安装结果。

2. 创建区域

单击开始→管理工具→服务器管理器,进入服务器管理器界面,单击角色→DNS 服务器,在 DNS 服务器目录树中,正向查找区域支持域名系统主机名到 IP 地址的解析,右击"正向查找区域",创建新区域,如图 6-9 所示。

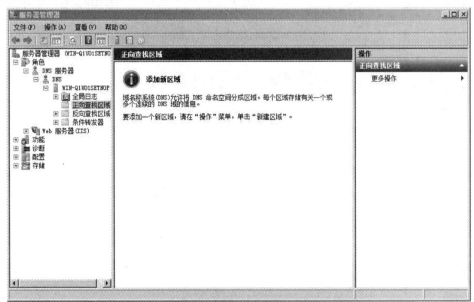

图 6-9　创建新区域

打开"新建区域"向导页,单击"下一步",在对话框中选中状态"主要区域",单击"下一步"。DNS 服务器为此区域相关信息的主要来源,并且在本地文件或活动目录域服务中存储区域数据的主副本。

在"区域名称"向导页,键入一个能反映网站信息的区域名称(如 shiyanzhongxin. com),单击"下一步"按钮。在"区域文件"向导页中已经根据区域名称默认填入了一个文件名。保持默认值不变,单击"下一步"按钮。

在打开的"动态更新"向导页中指定该 DNS 区域能够接收的注册信息更新类型。允许动态更新可以让系统自动地在 DNS 中注册有关信息,在实际应用中比较有用,因此点选"允许非安全和安全动态更新"单选框,单击"下一步"按钮,完成新建区域创建。

3. 创建域名

利用向导成功创建了新区域,可是网络内用户还不能使用这个名称来访问内部站点,因为它还不是一个合格的域名。接着还需要在此基础上创建指向不同主机的域名才能提供域名解析服务。具体操作步骤如下。

右键单击新建好的区域名称,如 shiyanzhongxin.com 区域,执行快捷菜单中的"新建主机"命令,如图 6-10 所示。

打开"新建主机"对话框,在"名称"编辑框中键入一个能代表该主机所提供服务的名称(如 www)。在"IP 地址"编辑框中键入该主机的 IP 地址(如 192.168.0.101),单击"添加主机"按钮所示。很快就会提示已经成功创建了主机记录。

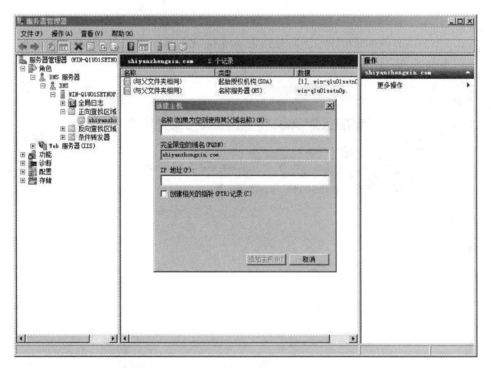

图 6-10　创建域名

4. 设置 DNS 客户端

尽管 DNS 服务器已经创建成功,并且创建了合适的域名,可是如果在客户机的浏览器中却无法使用 www.shiyanzhongxin.com 这样的域名访问网站。这是因为虽然已经有了 DNS 服务器,但客户机并不知道 DNS 服务器在哪里,因此不能识别用户输入的域名。用户必须手动设置 DNS 服务器的 IP 地址才行。

在客户机"Internet 协议(TCP/IP)属性"对话框中的"首选 DNS 服务器"编辑框中设置刚刚部署的 DNS 服务器的 IP 地址(如 192.168.0.101)。然后,使用域名访问网站,就可以正常访问了。

思　考　题

1. 什么是网络服务? 常用的网络服务有哪些?

2. 服务器应用系统架构有哪几种模式? 各有哪些优缺点?

3. 什么是 FTP 服务器? FTP 服务器用户类型有哪些?

4. 什么是 Web 服务器? Web 服务器应用层使用什么样的协议? Web 服务器主要类型有哪些? Web 服务器工作原理如何?

5. 什么是 DNS 服务器? DNS 服务器的工作原理如何?

6. 如何利用 Serv-U 搭建 FTP 服务? 客户端如何访问 FTP 服务器?

7. 如何利用 Windows Server 2008 系统中 IIS 服务组件搭建 Web 服务?

8. 在一台 Web 服务器上如何建立多个网站? 如何访问 Web 网站?

9. 如何在 Windows Server 2008 系统中搭建 DNS 服务? 客户端如何设置才能通过域名访问 Web 网站?

10. 客户端无法访问服务器,分析不少于 5 种故障原因及处理方法。

第 7 章　网络故障检测与处理

【学习导航】

网络故障检测与处理 ┤
　├ 基础知识 ┤
　　├ 网络故障
　　├ 网络安全
　　└ 网络命令
　└ 实验操作 ┤
　　├ 常用网络查看及诊断命令的使用
　　├ Windows 8 系统防火墙的设置
　　├ 网络常用设备故障的分析与处理
　　└ 网络常见故障的分析与处理

【学习目标】

1. 认知目标

(1) 了解网络分析、网络安全策略和防火墙的作用。

(2) 熟悉网络日常维护的内容。

(3) 掌握常用网络查看及诊断命令的作用。

2. 技能目标

(1) 学会使用常用网络查看及诊断命令,分析处理网络故障。

(2) 掌握 Windows 防火墙设置方法。

(3) 学会网络常用设备故障的分析处理,能够分析处理网络常见故障。

【实验环境】

1. 实验工具

网线钳一把,剪刀一把,网线测试仪一台,光纤笔一支。

2. 实验设备

计算机两台以上,D-Link 无线/有线宽带路由器一台,华为 S1700 交换机两台,光纤收/发器两台。

3. 实验材料

超五类双绞线数米,RJ-45 连接器(水晶头)若干,SC 卡接式方型光纤跳线若干。

7.1　基础知识

7.1.1　网络故障

1. 网络故障及其类型

网络故障是指由硬件的故障、软件的故障引起网络无法提供正常服务或降低服务质量的现象。

硬件故障一般都是由架构网络的设备,包括网卡、网线、路由器、交换机、调制解调器、光纤收/发器、光纤等设备引起的网络故障。对于这种故障,我们一般可以通过 Ping 命令和 Tracert 命令等查看得出来,并进行处理。

软件故障一般是由软件、系统设置等引起的网络故障。如 TCP/IP 协议出现故障、用户管理出现了问题、防火墙的设置影响了网络、软件的漏洞和病毒的侵入等。对于软件故障,我们需要进行网络分析,通过网络分析查找故障原因,然后采取相应的处理措施排除软件故障。

2. 网络分析

网络分析就是利用网络分析工具软件,对网络中所有传输的数据进行检测、分析、诊断,帮助用户排除网络故障,规避安全风险,提高网络安全性、稳定性、可靠性,增强实用性能。

网络分析工具软件能让网络管理者在各种网络问题中对症下药管理网络,不用再担心网络故障难以解决,帮助用户把网络故障和安全风险降到最低,网络性能得到提升。

网络分析工具软件有很多,如科来网络分析系统工具、Capsa Free 等。一般网络分析工具软件具有以下功能:快速查找和排除网络故障;找到网络瓶颈,提升网络性能;发现和解决各种网络异常危机,提高安全性;管理资源,统计和记录每个节点的流量与带宽;规范网络,查看各种应用服务、主机的连接,监视网络活动;分析各种网络协议,管理网络应用质量。

7.1.2　网络安全

网络安全是指网络系统的硬件、软件及其系统中的数据受到保护,不因偶然的或者恶意的原因而遭受到破坏、更改、泄露,保障系统连续可靠正常地运行,网络服务不中断。

1. 网络安全策略

(1) 物理安全

网络的物理安全是整个网络系统安全的前提。在网络工程建设中,由于网络系统属于弱电工程,耐压值很低。因此,在网络工程的设计和施工中,必须优先考虑保护人和网络设备不受电、火灾和雷击的伤害;必须考虑网络线缆与照明电线、动力电线、通信线路、暖气管道及冷热空气管道之间的距离。建设防雷系统,防雷系统不仅考虑建筑物防雷,还必须考虑计算机及其他弱电耐压设备的防雷。

总体来说物理安全的风险主要有地震、水灾、火灾等环境事故,电源故障,人为操作失误或错误,设备被盗、被毁,电磁干扰,线路截获,高可用性的硬件,双机多冗余的设计,机房环境及报警系统、安全意识等。因此,要注意这些安全隐患,同时还要尽量避免网络的物理安全风险。

（2）网络拓扑结构

网络拓扑结构设计也直接影响网络系统的安全性。假如在外部和内部网络进行通信时,内部网络的机器安全就会受到威胁,同时也影响在同一网络上的许多其他系统。通过网络传播,还会影响连在互联网的其他的网络,影响所及还可能涉及法律、金融等敏感领域。因此,我们在设计时有必要将 Web、DNS、E-mail 等公开服务器、外网及内部其他业务网络进行必要的隔离,避免网络结构信息外泄。同时还要对外网的服务请求加以过滤,只允许正常通信的数据包到达相应主机,其他的请求服务在到达主机之前就应该遭到拒绝。

（3）系统的安全

系统的安全是指整个网络操作系统和网络硬件平台是否可靠且值得信任。没有绝对安全的操作系统可以选择,不同的用户应从不同的方面对其网络作详尽的分析,选择安全性尽可能高的操作系统。同时,还要选用尽可能可靠的硬件平台,并对操作系统进行安全配置。而且,必须加强登录过程的认证（特别是在到达服务器主机之前的认证）,确保用户的合法性,严格限制登录者的操作权限,将其完成的操作限制在最小的范围内。

（4）应用系统

应用系统的安全与具体的应用有关,它涉及面广。应用系统的安全是动态的、不断变化的。应用的安全性也涉及信息的安全性,它包括很多方面。在应用系统的安全性上,主要考虑尽可能建立安全的系统平台,而且通过专业的安全工具不断发现漏洞,修补漏洞,提高系统的安全性。信息的安全性涉及机密信息泄露、未经授权的访问、破坏信息完整性、假冒、破坏系统的可用性等。在某些网络系统中,涉及很多机密信息,如果一些重要信息遭到窃取或破坏,它的经济、社会、政治影响都将是难以估计的。因此,对计算机用户必须进行身份认证,对于重要信息的通信必须授权,传输必须加密;采用多层次的访问控制与权限控制手段,实现对数据的安全保护;采用加密技术,保证网上传输的信息（包括管理员口令与帐户、上传信息等）的机密性与完整性。

（5）管理风险

管理是网络安全最重要的部分。责权不明、安全管理制度不健全及缺乏可操作性等都可能引起管理安全的风险。当网络出现攻击行为或网络受到其他一些安全威胁时（如内部人员的违规操作等）,其自身无法进行实时的检测、监控、报告与预警。同时,当事故发生后,其自身也无法提供黑客攻击行为的追踪线索及破案依据,即缺乏对网络的可控性与可审查性。这就要求我们必须对站点的访问活动进行多层次的记录,及时发现非法入侵行为。

建立网络安全机制,必须深刻理解网络并能提供直接的解决方案,因此,最可行的做法是制定健全的管理制度和严格管理相结合。保障网络的安全运行,使其成为一个具有良好的安全性、可扩充性和易管理性的信息网络便成为首要任务。一旦上述的安全隐患成为事实,所造成的对整个网络的损失都是难以估计的。因此,网络的安全建设是网络建设过程中重要的一环。

2. 防火墙

(1) 防火墙的概念

防火墙是一个由软件和硬件设备组合而成,在内部网和外部网之间、专用网与公共网之间的界面上构造的保护屏障,是一种保护计算机网络安全的技术性措施,它通过在网络边界上建立相应的网络通信监控系统来隔离内部网络和外部网络,以阻挡来自外部的网络入侵。

防火墙主要由服务访问规则、验证工具、包过滤和应用网关四个部分组成。该计算机流入流出的所有网络通信和数据包均要经过此防火墙。

(2) 防火墙的种类

根据防火墙的分类标准,防火墙可以分为很多种类型。从结构上来分,防火墙有两种:代理主机结构和路由器＋过滤器结构,内部网络过滤器路由器。从实现原理上分,防火墙有四大类:网络级防火墙(也叫包过滤型防火墙)、应用级网关、电路级网关和规则检查防火墙。它们之间各有所长,具体使用哪一种或是否混合使用,要看具体需要。安全性能高的防火墙系统都是组合运用多种类型防火墙,构筑多道防火墙防御工事。

(3) 防火墙的功能

防火墙对流经它的网络通信进行扫描,这样能够过滤掉一些攻击,以免其在目标计算机上被执行。防火墙还可以关闭不使用的端口,还能禁止特定端口的流出通信,封锁木马,且可禁止来自特殊站点的访问,从而防止来自不明入侵者的所有通信。防火墙的主要功能如下:

网络安全的屏障。一个防火墙(作为阻塞点、控制点)能极大地提高一个内部网络的安全性,并通过过滤不安全的服务而降低风险。由于只有经过精心选择的应用协议才能通过防火墙,所以网络环境变得更安全,如防火墙可以禁止不安全的网络文件系统协议进入受保护网络,这样外部的攻击者就不可能利用这些脆弱的协议来攻击内部网络。防火墙同时可以保护网络免受基于路由的攻击,如 IP 选项中的源路由攻击和控制报文协议重定向中的重定向路径。防火墙可以拒绝所有以上类型攻击的报文并通知防火墙管理员。

强化网络安全策略。通过以防火墙为中心的安全方案配置,能将所有安全软件(如口令、加密、身份认证、审计等)配置在防火墙上。与将网络安全问题分散到各个主机上相比,防火墙的集中安全管理更经济。例如在网络访问时,一次一密口令系统和其他的身份认证系统完全可以不必分散在各个主机上,而集中在防火墙一身上。

监控审计。如果所有的访问都经过防火墙,那么,防火墙就能记录下这些访问并作出日志记录,同时也能提供网络使用情况的统计数据。当发生可疑行为时,防火墙能进行适当的报警,并提供网络是否受到监测和攻击的详细信息。另外,收集一个网络的使用和误用情况也是非常重要的。因为,可以弄清防火墙是否能够抵挡攻击者的探测和攻击,弄清防火墙的控制是否充足。而且,网络使用统计对网络需求分析和威胁分析等也是非常重要的。

防止内部信息的外泄。通过利用防火墙对内部网络的划分,可实现内部网重点网段的隔离,从而限制局部重点或敏感网络安全问题对全局网络造成的影响。另一方面,隐私是内部网络非常关心的问题,一个内部网络中不引人注意的细节可能包含了有关安全的线索而引起外部攻击者的兴趣,甚至因此而暴露了内部网络的某些安全漏洞。使用防火墙就可以隐蔽透露内部细节,如 DNS 等服务,防火墙阻塞有关内部网络中的 DNS 信息,这样主机的域名和 IP 地址就不会被外界所了解。除了安全作用,防火墙还支持具有互联网服务特性的企业内部网络技术体系虚拟专用网。

数据包过滤。网络上的数据都是以包为单位进行传输的,每一个数据包中都会包含一些特定的信息,如数据的源地址、目标地址、源端口号和目标端口号等。防火墙通过读取数据包中的地址信息来判断这些包是否来自可信任的网络,并与预先设定的访问控制规则进行比较,进而确定是否需对数据包进行处理和操作。数据包过滤可以防止外部不合法用户对内部网络的访问,但由于不能检测数据包的具体内容,所以不能识别具有非法内容的数据包,无法实施对应用层协议的安全处理。

网络 IP 地址转换。网络 IP 地址转换是一种将私有 IP 地址转化为公网 IP 地址的技术,它被广泛应用于各种类型的网络和互联网的接入中。网络 IP 地址转换一方面可隐藏内部网络的真实 IP 地址,使内部网络免受黑客的直接攻击,另一方面由于内部网络使用了私有 IP 地址,从而有效解决了公网 IP 地址不足的问题。

虚拟专用网络。虚拟专用网络将分布在不同地域上的局域网或计算机通过加密通信,虚拟出专用的传输通道,从而将它们从逻辑上连成一个整体,不仅省去了建设专用通信线路的费用,还有效地保证了网络通信的安全。

日志记录与事件通知。进出网络的数据都必须经过防火墙,防火墙通过日志对其进行记录,能提供网络使用的详细统计信息。当发生可疑事件时,防火墙更能根据机制进行报警和通知,提供网络是否受到威胁的信息。

3. 网络日常维护

为了保证网络安全,网络日常维护也是非常重要的工作。网络日常维护包括网络设备管理(如交换机、服务器)、操作系统维护(如系统打补丁、系统升级)、网络安全(如病毒防范)、网络主干设备的配置及配置参数变更情况记载、备份各个设备的配置文件等。

网络设备管理。这里的设备主要是指交换机和路由器、服务器等。负责网络布线配线架的管理,确保配线的合理有序;掌握内部网络连接情况,以便发现问题迅速定位;掌握与外部网络的连接配置,监督网络通信情况,发现问题后与外部网络管理部门及时联系;实时监控整个单位内部网络的运转和通信流量情况。

操作系统。维护网络运行环境的核心任务之一是服务器的操作系统的管理。为确保服务器操作系统工作正常,利用操作系统提供的和从网上下载的管理软件,实时监控系统的运转情况,优化系统性能,及时发现故障征兆并进行处理,必要的时候,要对关键的服务器操作系统建立热备份,以免发生致命故障使网络陷入瘫痪状态。

服务器。网络应用系统的管理主要是针对为用户提供服务的功能服务器的管理。

这些服务器主要包括代理服务器、游戏服务器、文件服务器、E-mail 服务器等。要熟悉服务器的硬件和软件配置,并对软件配置进行备份。要对 E-mail 进行监控,保证用户的正常的通信业务等,网吧要对游戏软件、音频和视频软件进行时常的更新,以满足客户的要求。

网络安全。网络安全管理在网络管理中难度比较高,管理员工作难度大。因为用户可能会访问各类网站,并且安全意识比较淡薄,感染到病毒的可能性比较大。一旦有一台机器感染,那么就会起连锁反应,致使整个网络陷入瘫痪。所以,一定要防患于未然,为服务器设置好防火墙,对系统进行安全漏洞扫描;安装杀毒软件,并且要使病毒库是最新的,还要定期地进行病毒扫描。

文件管理。计算机系统中最重要的是文件等数据,数据一旦丢失,那损失将会是难以估计的。文件管理就是把重要的文件资料存储备份,避免数据丢失。重要的数据和重要的网络配置文件都需要进行备份,这就需要在服务器的存储系统中做映像,来对数据加以保护,进行容灾处理。

7.1.3　网络命令

当网络出现异常时,可以使用操作系统自带的命令工具进行诊断,判断出故障的原因和位置。下面主要以 Windows 环境为例,介绍常用网络命令的使用。

1. Ping 命令

(1) Ping 命令解释

Ping 是 Packet Internet Groper 的缩写,称为因特网包探索器,是 Windows、Unix 和 Linux 系统下的一个命令。Ping 也属于一个通信协议,是 TCP/IP 协议的一部分。利用 Ping 命令可以检查网络是否连通,可以很好地帮助我们分析和判定网络故障。

Ping 发送一个 ICMP 因特网信报控制协议,回声请求消息给目的地并报告是否收到所希望的 ICMP Echo(ICMP 回声应答)。它是用来检查网络是否通畅或者网络连接速度的命令。它工作的原理是利用网络上机器 IP 地址的唯一性,给目标 IP 地址发送一个数据包,再要求对方返回一个同样大小的数据包来确定两台网络机器是否连接相通,时延是多少。

Ping 是端对端连通,通常用来作为网络连通性的检查,但是某些病毒会强行大量远程执行 Ping 命令,抢占网络资源,导致系统变慢,网速变慢。严禁 Ping 入侵是大多数防火墙的一个基本功能,通常的情况下,若不用作服务器或者进行网络测试,可选中这一功能保护计算机。

(2) Ping 工作流程

Ping 工作流程以下面实例来说明。

实例:由 A、B 两台路由器,A、B 两台交换机,A、B、C、D 四台计算机组成的局域网,其网络拓扑图如图 7-1 所示。A、B、C、D 四台计算机子网掩码均为 255.255.255.0,其中 A、B 两台计算机默认网关为 192.168.2.1,它们的 IP 地址分别为 192.168.2.5,192.168.2.8;而 C、D 两台计算机默认网关为 192.168.1.1,它们的 IP 地址分别为 192.168.1.120,192.168.1.100。

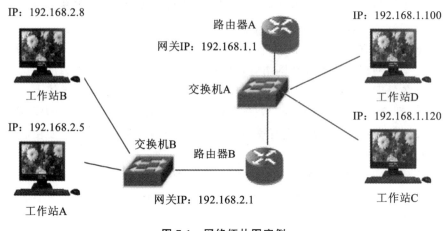

图 7-1　网络拓扑图实例

情况一：在同一网段内 Ping 工作流程。工作站 A Ping 工作站 B,即在计算机 A 上运行 Ping 192.168.2.8。

首先,Ping 命令会构建一个固定格式的 ICMP 请求数据包,然后,由 ICMP 协议将这个数据包连同地址 192.168.2.8 一起交给 IP 层协议,IP 层协议将以地址 192.168.2.8 作为目的地址,A 机 IP 地址作为源地址,加上一些其他的控制信息,构建一个 IP 数据包,并想办法得到 192.168.2.8 的 MAC 地址,以便交给数据链路层构建一个数据帧。IP 层协议通过目标机 B 的 IP 地址和主机 A 自己的子网掩码,作逻辑运算,发现得到的网络地址 192.168.2.0 与主机 A 的网络地址 192.168.2.0 相同,即目标机 B 与主机 A 属同一网段,就直接在本网络内查找这台机器的 MAC。如果以前两机有过通信,在 A 机的 ARP 缓存表应该有 B 机 IP 与其 MAC 的映射关系。如果没有,就发一个 ARP 请求广播,得到 B 机的 MAC,并交给数据链路层,且构建一个数据帧,目的地址是 IP 层传过来的物理地址,源地址则是本机的物理地址,还要附加上一些控制信息,依据以太网的介质访问规则,将它们传送出去。

主机 B 收到这个数据帧后,先检查它的目的地址,并和本机的物理地址对比,如符合则接收,否则就丢弃。接收后检查该数据帧,将 IP 数据包从帧中提取出来,交给本机的 IP 层协议。同样,IP 层检查后,将有用的信息提取后交给 ICMP 协议,后者处理后构建一个 ICMP 应答包,发送给主机 A,其过程和主机 A 发送 ICMP 请求包到主机 B 一模一样。

情况二：不在同一网段内 Ping 工作流程。工作站 A Ping 工作站 C,即在计算机 A 上运行 Ping 192.168.1.120。

开始与情况一相同,到了怎样得到 MAC 地址时,IP 层协议通过目标机 C 的 IP 地址和主机 A 自己的子网掩码,作逻辑运算,发现得到的网络地址 192.168.1.0 与主机 A 的网络地址 192.168.2.0 不同,即目标机 C 与主机 A 不在同一网段内,就直接通过默认网关 192.168.2.0 交由路由器 B 处理,通过 APR 协议获得路由器 B 192.168.2.1 的 MAC 地址,封装成数据帧交给路由器 A,路由器 A 得到这个数据帧后,再与 C 机进行通信,若找不到,就向主机 A 返回一个超时 ICMP 应答信息,若找到,则向主机 A 返回一个正常的

ICMP 应答信息。

（3）Ping 命令用法

Ping 只有在安装了 TCP/IP 协议以后才可以使用,应用格式为 Ping＋空格＋IP 地址。该命令还可以加参数选项使用。

Ping 命令应用格式:Ping [-t] [-a] [-n count] [-l size] [-f] [-i TTL] [-v TOS] [-r count] [-s count] [-j host-list]|[-k host-list] [-w timeout] [-R] [-S srcaddr] [-4|-6] target_name。

命令选项的意义如表 7-1。

表 7-1　Ping 命令选项意义

选　　项	描　　述
-t	不断 Ping 主机,当键入 Ctrl＋C 方停止。
-a	将地址解析成主机名。
-n count	要发送的回显请求数,一般默认发送 4 个数据包。
-l size	发送缓冲区大小,最大数据包为 65 500 byte,默认数据包为 32 byte。
-f	在数据包中发送"不分段"标志(仅适用于 IPv4)。
-i TTL	生存时间,TTL 的最大值是 255,TTL 的一个推荐值是 64。
-v TOS	服务类型(仅适用于 IPv4)。
-r count	记录计数跃点的路由,默认最多 9 个(仅适用于 IPv4)。
-s count	计数跃点的时间戳,最多也只记录 4 个(仅适用于 IPv4)。
-j host-list	与主机列表一起的松散源路由(仅适用于 IPv4)。
-k host-list	与主机列表一起的严格源路由(仅适用于 IPv4)。
-w timeout	等待每次回复的超时时间(毫秒)。
-R	同样使用路由标头测试反向路由(仅适用于 IPv6)。
-S srcaddr	要使用的源地址。
-4|-6	强制使用 IPv4 或强制使用 IPv6。
target_name	主机的名称或 IP 地址。

2. IPConfig 命令

（1）IPConfig 命令解释

IPconfig 是用来显示主机内 IP 协议的配置信息的一个命令行工具,是调试计算机网络的常用命令,通常使用它显示计算机中网络适配器的 IP 地址、子网掩码及默认网关,检验人工配置的 TCP/IP 设置是否正确,是进行网络调试和故障分析的必要项目。

（2）IPConfig 命令用法

IPConfig 命令应用格式:IPConfig [/allcompartments] [/?|/all |/renew [adapter]

|/release〔adapter〕|/renew6〔adapter〕|/release6〔adapter〕|/flushdns |/displaydns
|/registerdns |/showclassid adapter |/setclassid adapter 〔classid〕|/showclassid6
adapter |/setclassid6 adapter 〔classid〕〕。

其中 adapter 连接名称(允许使用通配符 * 和?)。命令选项的意义见表 7-2。

表 7-2 IPConfig 命令选项意义

选 项	描 述
/allcompartments	查看活跃的网卡信息。
/?	显示命令帮助信息。
/all	显示完整配置信息。
/renew	更新指定适配器的 IPv4 地址。
/release	释放指定适配器的 IPv4 地址。
/renew6	更新指定适配器的 IPv6 地址。
/release6	释放指定适配器的 IPv6 地址。
/flushdns	清除 DNS 解析程序缓存。
/displaydns	显示 DNS 解析程序的内容。
/registerdns	刷新所有 DHCP 租约并重新注册 DNS 名称。
/showclassid	显示适配器的所有允许的 DHCP 类 ID。
/setclassid	修改 DHCP 类 ID。
/showclassid6	显示适配器允许的所有 IPv6 DHCP 类 ID。
/setclassid6	修改 IPv6 DHCP 类 ID。

3. Tracert 命令

(1) Tracert 命令解释

Tracert 是 trace router 的缩写,即跟踪路由,是路由跟踪实用程序,用于确定 IP 数据包访问目标所采取的路径。Tracert 命令用 IP 生存时间(TTL,Time To Live)字段和 ICMP 错误消息来确定从一个主机到网络上其他主机的路由。

Tracert 命令跟踪 TCP/IP 数据包从该计算机到其他远程计算机所采用的路径。Tracert 命令使用 ICMP 响应请求并答复消息(和 Ping 命令类似),产生关于经过的每个路由器及每个跃点的往返时间(RTT,Round-Trip Time)的命令行报告输出。如果 Tracert 失败,可以使用命令输出来帮助确定哪个中转路由器转发失败或耗时太多。

当我们不能通过网络访问目的设备时,网络管理员就需要判断网络在何处出了故障。网络故障不仅会出现在最终目的设备,也可能会出现在转发数据包的中转路由器。使用 Tracert 命令探测一个数据包从源点到目的地经过了哪些中转路由器,确定数据包在网络上的停止位置,从而判断网络故障的位置。

（2）Tracert 工作原理

通过向目标发送不同 IP 生存时间 TTL 值的"Internet 控制消息协议（ICMP）"回应数据包，Tracert 诊断程序确定到目标所采取的路由。要求路径上的每个路由器在转发数据包之前至少将数据包上的 TTL 递减 1。数据包上的 TTL 减为 0 时，路由器应该将"ICMP 已超时"的消息发回源系统。

Tracert 先发送 TTL 为 1 的回应数据包，并在随后的每次发送过程将 TTL 递增 1，直到目标响应或 TTL 达到最大值，从而确定路由。通过检查中间路由器发回的"ICMP 已超时"的消息确定路由。某些路由器不经询问直接丢弃 TTL 过期的数据包，这在 Tracert 实用程序中看不到。

Tracert 命令按顺序打印出返回"ICMP 已超时"消息的路径中的近端路由器接口列表。

（3）Tracert 命令用法

Tracert 命令应用格式：Tracert［-d］［-h maximum _ hops］［-j host-list］［-w timeout］［-R］［-S srcaddr］［-4|-6］target_name。

命令选项的意义见表 7-3 所示。

表 7-3　Tracert 命令选项意义

选　项	描　述
-d	不将 IP 地址解析成主机名称。
-h aximum_hops	搜索目标的最大跃点数，默认值为 30 个跃点。
-j host-list	与主机列表一起的松散源路由，最多 9 个地址（仅适用于 IPv4）。
-w timeout	等待每个回复的超时时间，默认为 4000 毫秒。
-R	跟踪往返行程路径（仅适用于 IPv6）。
-S srcaddr	要使用的源地址（仅适用于 IPv6）。
-4|-6	强制使用 IPv4 或强制使用 IPv6。
target_name	主机的名称或 IP 地址。

4. Route 命令

（1）Route 命令解释

Route 命令是在本地 IP 路由表中显示、人工添加和修改路由表项目的网络命令。

大多数主机一般都是驻留在只连接一台路由器的网段上。由于只有一台路由器，因此不存在使用哪一台路由器将数据包发表到远程计算机上去的问题，该路由器的 IP 地址可作为该网段上所有计算机的缺省网关来输入。但是，当网络上拥有两个或多个路由器时，就不一定只依赖缺省网关了。实际上可能想让某些远程 IP 地址通过某个特定的路由器来传递，而其他的远程 IP 则通过另一个路由器来传递。在这种情况下，就需要相应的路由信息，这些信息储存在路由表中，每个主机和每个路由器都配有自己独一无二的路由表。大多数路由器使用专门的路由协议来交换和动态更新路由器之间的路由表。

但在有些情况下,必须人工将项目添加到路由器和主机上的路由表中。

（2）Route 命令用法

Route 命令应用格式：Route ［-f］［-p］［-4 |-6］command ［destination］［MASK netmask］［gateway］［METRIC metric］［IF interface］。

选项 command 有 Add、Print、Delete、Change 四个命令。

Add 添加路由,可以将新路由项目添加给路由表。例如,如果要设定一个到目的网络 209.98.32.33 的路由,其间要经过 5 个路由器网段,首先要经过本地网络上的一个路由器,其 IP 为 202.96.123.5,子网掩码为 255.255.255.224,那么你应该输入以下命令：Route Add 209.98.32.33 MASK 255.255.255.224 202.96.123.5 metric 5。

Print 打印路由,用于显示路由表中的当前项目,由于用 IP 地址配置了网卡,因此所有的这些项目都是自动添加的。

Change 修改路由,使用本命令来修改数据的传输路由,但不能使用本命令来改变数据的目的地。例如,将数据的路由改到另一个路由器,它采用一条包含 3 个网段的更直的路径：Route change 209.98.32.33 MASK 255.255.255.224 202.96.123.250 metric 3。

Delete 删除路由,命令可以从路由表中删除路由。

命令选项的意义见表 7-4。

表 7-4　Route 命令选项意义

选　项	描　述
-f	清除所有网关项的路由表,若与其他命令结合使用,路由表会在运行命令之前清除。
-p	与 Add 命令共同使用时,将路由设置为在系统引导期间保持不变。默认情况下,重新启动系统时不保存路由。
-4 |-6	强制使用 IPv4 或强制使用 IPv6。
command	Add、Print、Change、Delete,其中之一。
destination	指定主机。
MASK	指定一个参数为"netmask"值。
netmask	指定此路由项的子网掩码值,默认值为 255.255.255.255。
gateway	指定网关。
METRIC	指定跃点数。
interface	指定路由的接口号码。

5. Netstat 命令

（1）Netstat 命令解释

Netstat 是控制台命令,是一个监控 TCP/IP 网络的非常有用的工具,它可以显示路由表、实际的网络连接以及每一个网络接口设备的状态信息,显示与 IP、TCP、UDP 和

ICMP 协议相关的统计数据,一般用于检验本机各端口的网络连接情况。

如果计算机有时候接收到的数据包导致出错数据或故障,TCP/IP 可以容许这些类型的错误,并能够自动重发数据包。但如果累计的出错情况数目占到所接收的 IP 数据包相当大的百分比,或者它的数目正迅速增加,那么使用 Netstat 可以查明为什么会出现这些情况。

(2) Netstat 命令用法

Netstat 命令应用格式:Netstat [-a] [-b] [-e] [-f] [-n] [-o] [-p proto] [-r] [-s] [-t] [interval]。

Netstat 命令选项意义见表 7-5。

表 7-5　Netstat 命令选项意义

选　项	描　　述
-a	显示所有连接和监听端口。
-b	显示在创建每个连接或侦听端口时涉及的可执行程序。
-e	显示以太网统计。此选项可以与-s 选项结合使用。
-f	显示外部地址的完全限定域名(FQDN)。
-n	以数字形式显示地址和端口号。
-o	显示拥有的与每个连接关联的进程 ID。
-p proto	显示 proto 指定的协议连接。
-r	显示核心路由表,格式同"Route-e"。
-s	显示每个协议的统计,默认显示 IP、IPv6、ICMP、ICMP6、TCP、TCPv6、UDP 和 UDPv6 的统计。
-t	显示当前连接卸载状态。
interval	重新显示选定的统计信息,各个显示暂停的间隔秒数,按 Ctrl＋C 停止。

6. ARP 命令

(1) ARP 命令解释

ARP 是 Address Resolution Protocol 的缩写,即地址解析协议,ARP 缓存中包含一个或多个表,它们用于存储 IP 地址及其经过解析的 MAC 地址。ARP 命令用于查询本机 ARP 缓存中 IP 地址→MAC 地址的对应关系、添加或删除静态对应关系等。

(2) ARP 工作原理

假设主机 A 的 IP 地址为 192.168.1.10,主机 B 的 IP 地址为 192.168.1.12,当主机 A 要与主机 B 通信时,ARP 可以将主机 B 的 IP 地址 192.168.1.12 解析成主机 B 的 MAC 地址,工作流程如下:第 1 步,根据主机 A 上的路由表内容,IP 确定用于访问主机 B 的转发 IP 地址是 192.168.1.12。A 主机在自己的本地 ARP 缓存中检查主机 B 的 MAC 地址。第 2 步,若主机 A 在 ARP 缓存中没有找到映射,它将询问 192.168.1.12 的 MAC 地址,将 ARP 请求帧广播到本地网络上的所有主机。主机 A 的 IP 地址和 MAC 地址都包括在 ARP 请求中。本地网络上的每台主机都接收到 ARP 请求并且检查是否与自己的 IP 地址匹配。若发现请求的 IP 地址与自己的 IP 地址不匹配,则丢弃 ARP 请求。第 3 步,主机 B 确定 ARP 请求中的 IP 地址与自己的 IP 地址匹配,则将主机 A 的 IP 地址和 MAC 地址映射添加到本地 ARP 缓存中。第 4 步,主机 B 将包含自己 MAC 地址的 ARP 回复直接发送到主机 A。第 5 步,当主机 A 收到主机 B 发来的 ARP 回复消息时,用主机 B 的 IP 和 MAC 地址映射更新 ARP 缓存。本机缓存生存期结束后,将再次重复上面的过程。主机 B 的 MAC 地址一旦确定,主机 A 就能向主机 B 发送 IP 通信了。

　　ARP 缓存是用来储存 IP 地址和 MAC 地址的缓冲区,即 IP 地址→MAC 地址的对应表,表中每一个条目记录了网络上其他主机的 IP 地址和对应的 MAC 地址。每一个以太网或令牌环网络适配器都有自己单独的表。当地址解析协议被询问一个已知 IP 地址节点的 MAC 地址时,先在 ARP 缓存中查看,若存在,就直接返回与之对应的 MAC 地址,若不存在,才发送 ARP 请求向局域网查询。为使广播量最小,ARP 维护 IP 地址到 MAC 地址映射的缓存以便将来使用。ARP 缓存包含动态和静态项目。动态项目随时间推移自动添加和删除,其生命周期为 10 分钟。新加到缓存中的项目带有时间戳,若某个项目添加后 2 分钟内没有再使用,则此项目过期并从 ARP 缓存中删除;若某个项目已在使用,则又收到 2 分钟的生命周期;若某个项目始终在使用,则会另外收到 2 分钟的生命周期,一直到 10 分钟的最长生命周期。静态项目一直保留在缓存中,直到重新启动计算机为止。

　　(3) ARP 命令用法

　　ARP 命令应用格式:ARP -a [inet_addr] [-N if_addr] [-v]|-d inet_addr [if_addr]|-s inet_addr eth_addr [if_addr]。

　　ARP 命令选项意义见表 7-6。

表 7-6　ARP 命令选项意义

选　项	描　　述
-a	显示所有接口当前 ARP 项,若指定 inet_addr 则只显示该机的。
-v	在详细模式下显示当前 ARP 项,包括无效项和环回接口上的项。
inet_addr	指定 IP 地址。
-N if_addr	显示 if_addr 指定的网络接口的 ARP 项。
-d	删除 inet_addr 指定的主机项,使用 * 可删除所有主机。
-s	添加主机并将 IP 地址与物理地址相关联。
eth_addr	指定物理地址。
if_addr	若存在则指定地址转换表应修改的接口的 IP 地址,否则用第一个适用的接口。

7. Nbtstat 命令

（1）Nbtstat 命令解释

Nbtstat（NETBIOS over TCP/IP statistics）工具用于查看在 TCP/IP 协议之上运行 NetBIOS 服务的统计数据，并可以查看本地远程计算机上的 NetBIOS 名称列表。

（2）Nbtstat 命令用法

Nbtstat 命令应用格式：Nbtstat [[-a RemoteName] [-A IP address] [-c] [-n] [-r] [-R] [-RR] [-s] [-S] [interval]]。

Nbtstat 命令选项意义见表 7-7。

表 7-7　Nbtstat 命令选项意义

选　　项	描　　述
-a	（适配器状态）列出指定名称的远程机器的名称表。
-A	（适配器状态）列出指定 IP 地址的远程机器的名称表。
-c	（缓存）列出远程[计算机]名称及其 IP 地址的 NBT 缓存。
-n	（名称）列出本地 NetBIOS 名称。
-r	（已解析）列出通过广播和经由 WINS 解析的名称。
-R	（重新加载）清除和重新加载远程缓存名称表。
-RR	（释放刷新）将名称释放包发送到 WINS，然后启动刷新。
-s	（会话）列出目标 IP 地址转换成计算机 NETBIOS 名称会话表。
-S	（会话）列出具有目标 IP 地址的会话表。
RemoteName	远程主机计算机名。
IP address	用点分隔的十进制表示的 IP 地址。
interval	重新显示选定的统计、每次显示之间暂停的间隔秒数，按 Ctrl＋C 停止。

8. Net 命令

（1）Net 命令解释

Net 命令是功能强大的以命令行方式执行的工具。它包含了管理网络环境、服务、用户、登录等 Windows 中大部分重要的管理功能。使用它可以轻松地管理本地或者远程计算机的网络环境，以及各种服务程序的运行和配置，或者进行用户管理和登录管理等。

（2）Net 命令用法

Net 命令应用格式：Net [ACCOUNTS | COMPUTER | CONFIG | CONTINUE | FILE | GROUP | HELP | HELPMSG | LOCALGROUP | PAUSE | SESSION | SHARE | START | STATISTICS | STOP | TIME | USE | USER | VIEW]。

Net 命令选项意义见表 7-8。

表 7-8　　Net 命令选项意义

选　项	描　述
ACCOUNTS	将用户帐户数据库升级并修改所有帐户的密码和登录请求。
COMPUTER	从域数据库中添加或删除计算机,且会转发到主域控制器。
CONFIG	显示当前运行的可配置服务,或显示并更改某项服务的设置。
CONTINUE	重新激活挂起的服务。
FILE	显示某服务器上所有打开的共享文件名及锁定文件数。
GROUP	仅在 Windows NT Server 域中添加、显示或更改全局组。
HELP	提供网络命令列表及帮助主题,或提供指定命令或主题的帮助。
HELPMSG	提供 Windows NT 错误信息的帮助。
LOCALGROUP	添加、显示或更改本地组。
PAUSE	暂停正在运行的服务。
SESSION	列出或断开本地计算机和与之连接的客户端的会话。
SHARE	创建、删除或显示共享资源。
START	启动服务,或显示已启动服务的列表。
STATISTICS	显示本地工作站或服务器服务的统计记录。
STOP	停止 Windows NT 网络服务。
TIME	使计算机的时钟与另一台计算机或域的时间同步。
USE	连接或断开计算机与共享资源的连接,或显示计算机的连接信息。
USER	添加或更改用户帐号或显示用户帐号信息。
VIEW	显示域列表、计算机列表或指定计算机的共享资源列表。

9. Nslookup 命令

(1) Nslookup 命令解释

Nslookup(name server lookup)域名查询是一个用于查询 Internet 域名信息或诊断 DNS 服务器问题的工具。可以指定查询的类型,查到 DNS 记录的生存时间,还可以指定使用哪个 DNS 服务器进行解释。在已安装 TCP/IP 协议的计算机上面均可以使用这个命令,主要用来诊断域名系统(DNS)基础结构的信息。

(2) Nslookup 命令用法

Nslookup 命令应用格式:Nslookup [-qt(注意 qt 必须小写)=查询的类型][需要查询的 DNS 服务器 IP 或域名,不填为本机默认]。

查询的类型主要有:A 地址记录(Ipv4),AAAA 地址记录(Ipv6),CNAME 别名记录,HINFO 硬件配置记录包括 CPU、操作系统信息,ISDN 域名对应的 ISDN 号码,MB 存放指定邮箱的服务器,MG 邮件组记录,MINFO 邮件组和邮箱的信息记录,MR 改名的邮箱记录,MX 邮件服务器记录,NS 名字服务器记录,PTR 反向记录,RP 负责人记录,RT 路由穿透记录,SRV TCP 服务器信息记录,TXT 域名对应的文本信息等。

　　一个有效的 DNS 服务器必须在注册机构注册,这样才可以进行区域复制。所谓区域复制,就是把自己的记录定期同步到其他服务器上。当 DNS 接收到非法 DNS 发送的区域复制信息,会将信息丢弃。任何合法有效的域名都必须有至少一个主的名字服务器。当主名字服务器失效时,才会使用辅助名字服务器。这里的失效指服务器没有响应。

　　DNS 有两种,一是普通 DNS,一是根 DNS,根 DNS 不能设置转发查询,也就是说根 DNS 不能主动向其他 DNS 发送查询请求。如果内部网络的 DNS 被设置为根 DNS,则将不能接收网外的合法域名查询。

7.2　实验操作

7.2.1　常用网络查看及诊断命令的使用

　　常用网络查看及诊断命令的使用方法是,开启计算机,单击开始→运行,在运行框中输入 cmd(字母大小写均可),单击确定调出命令提示符 DOS 窗口。然后,在 DOS 窗口输入待使用的网络命令＋空格＋选定的参数选项,回车。

1. Ping 命令

　　根据实际需要选用参数选项,使用 Ping 命令。

　　实例:Ping 不同的 IP 地址的方法。

　　(1) Ping 本地主机 IP

　　调出 DOS 窗口,在命令提示符后输入:Ping 空格 127.0.0.1,并回车,则主机显示应如图 7-2(a)所示,表明主机的 TCP/IP 协议正常。反之,若显示请求超时,就表示 TCP/IP 的安装或运行存在某些最基本的问题。localhost 是系统的网络保留名,地址是 127.0.0.1,每台计算机都应该能够将保留名转换成该地址。假设分配给本地主机 IP 地址为 192.168.1.100,则执行命令 Ping 192.168.1.100。如果网卡安装配置没有问题,则应有如图 7-2(b)所示的显示。若显示请求超时,则表明网卡安装或配置有问题。将网线断开再次执行此命令,如果显示正常,则说明本机使用的 IP 地址可能与另一台正在使用的计算机 IP 地址重复了。如果仍然不正常,则表明本地主机网卡安装或配置有问题,需继续检查相关网络配置。

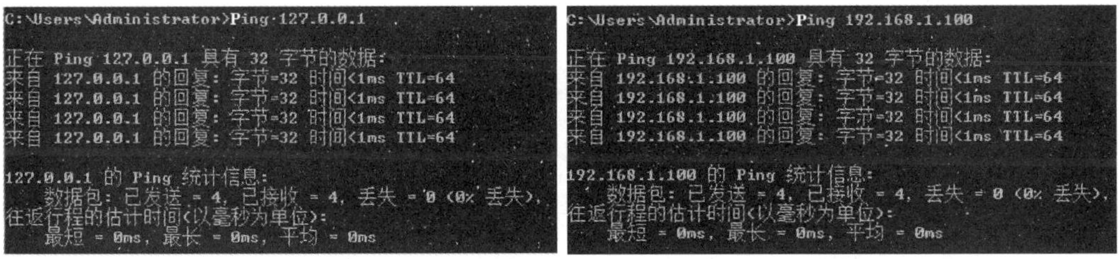

(a)　　　　　　　　　　　　　　　　(b)

图 7-2　Ping 本地主机 IP

（2）Ping 局域网计算机 IP

假定局域网某计算机 IP 为 192.168.1.120，在主机则执行命令 Ping 192.168.1.120，则应有如图 7-3(a)所示的显示。这个命令由主机发出，经过网卡、网络电缆、交换机等到达目标机，再返回。收到回送应答表明本地网络中的网卡和载体运行正常。但如果收到 0 个回送应答，那么表示目标机网卡配置错误或网络有问题，也可能目标机拒绝 Ping 入，显示如图 7-3(b)所示。

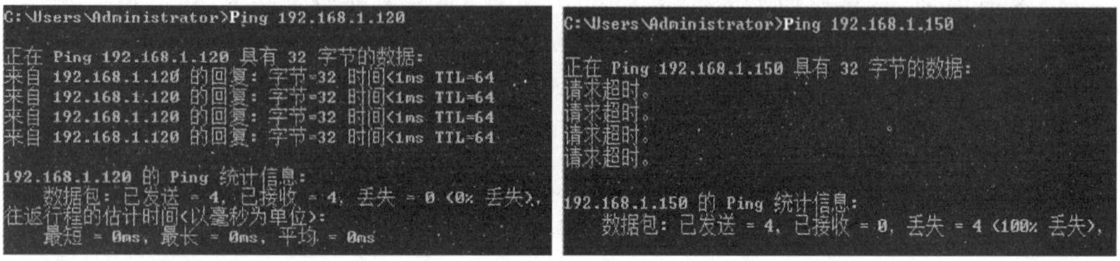

(a)   (b)

图 7-3　Ping 局域网计算机 IP

（3）Ping 网关 IP

假定局域网网关 IP 为 192.168.1.1，在主机上执行命令 Ping 192.168.1.1，则应有如图 7-4(a)所示的显示，表明局域网中的网关路由器正在正常运行。反之，则说明路由器设置或网络电缆有问题，也可能路由器工作不正常。

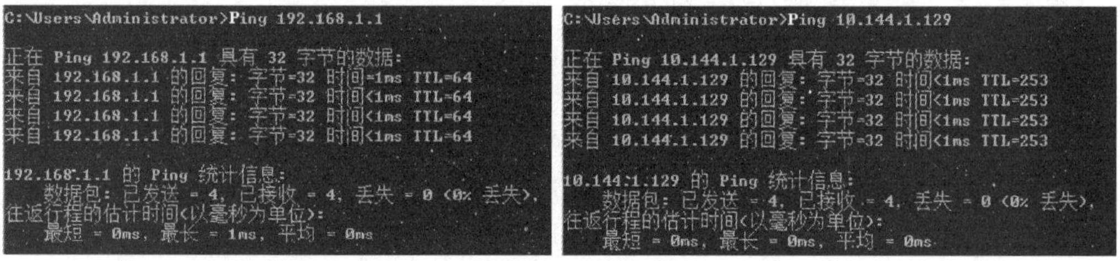

(a)   (b)

图 7-4　Ping 网关 IP

检测局域网是否正常接入广域网，可以 Ping 接入广域网的网关即网络运营商提供的网关，例如广域网网关为 10.144.1.129，则应有如图 7-4(b)所示的显示，表明运行正常，能够正常接入互联网。反之，则表明局域网存在问题。

（4）Ping 远程 IP

对域名如 www.baidu.com 执行 Ping 命令，计算机先将域名转换成 IP 地址，通常是通过 DNS 服务器，如果这里出现故障，则表示 DNS 服务器的 IP 地址配置不正确或 DNS 服务器有故障，如图 7-5 所示。

如果上面所列出的所有 Ping 命令都能正常运行，那么本地主机进行本地和远程通信的功能基本没问题。但是，这些命令的成功并不表示你所有的网络配置都没有问题，例如，某些子网掩码错误就可能无法用这些方法检测到。

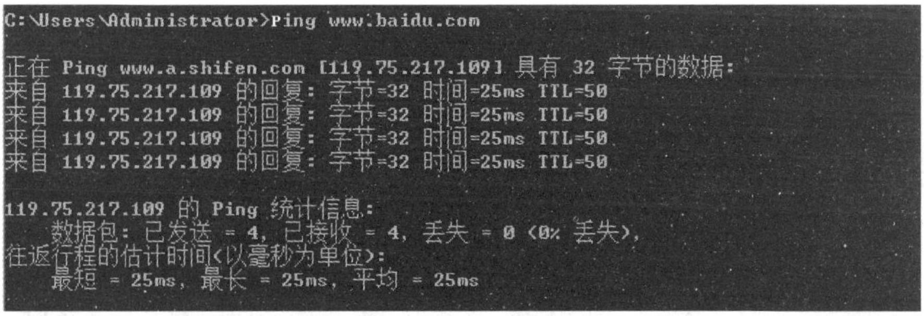

```
C:\Users\Administrator>Ping www.baidu.com

正在 Ping www.a.shifen.com [119.75.217.109] 具有 32 字节的数据:
来自 119.75.217.109 的回复: 字节=32 时间=25ms TTL=50
来自 119.75.217.109 的回复: 字节=32 时间=25ms TTL=50
来自 119.75.217.109 的回复: 字节=32 时间=25ms TTL=50
来自 119.75.217.109 的回复: 字节=32 时间=25ms TTL=50

119.75.217.109 的 Ping 统计信息:
    数据包: 已发送 = 4, 已接收 = 4, 丢失 = 0 (0% 丢失),
往返行程的估计时间(以毫秒为单位):
    最短 = 25ms, 最长 = 25ms, 平均 = 25ms
```

图 7-5　Ping 远程 IP

2. IPConfig

根据实际需要选用参数选项,使用 IPConfig 命令。

实例:使用 IPConfig 不带任何参数选项方法。

调出 DOS 窗口,在命令提示符后输入:IPConfig,并回车,则主机显示如图 7-6 所示,显示每个已经配置了的接口 IP 地址、子网掩码和缺省网关值等。

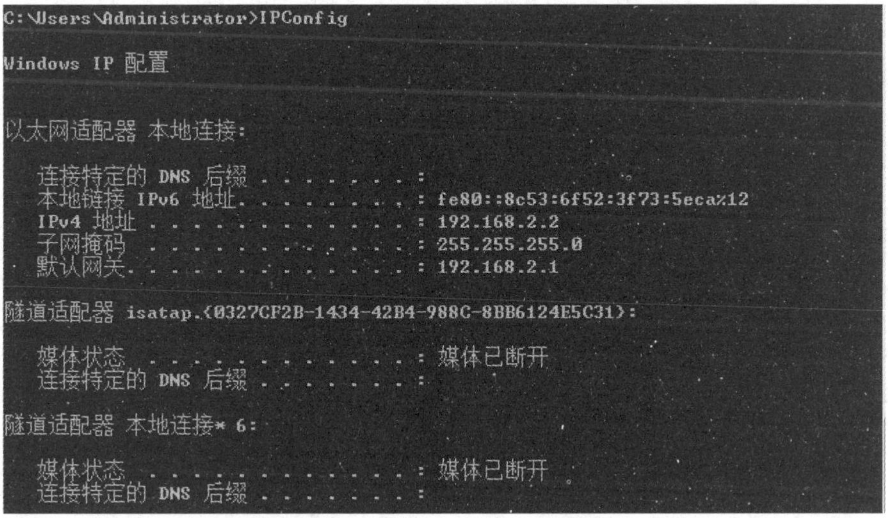

```
C:\Users\Administrator>IPConfig

Windows IP 配置

以太网适配器 本地连接:

   连接特定的 DNS 后缀 . . . . . . . :
   本地链接 IPv6 地址. . . . . . . . : fe80::8c53:6f52:3f73:5eca%12
   IPv4 地址 . . . . . . . . . . . . : 192.168.2.2
   子网掩码  . . . . . . . . . . . . : 255.255.255.0
   默认网关. . . . . . . . . . . . . : 192.168.2.1

隧道适配器 isatap.{0327CF2B-1434-42B4-988C-8BB6124E5C31}:

   媒体状态  . . . . . . . . . . . . : 媒体已断开
   连接特定的 DNS 后缀 . . . . . . . :

隧道适配器 本地连接* 6:

   媒体状态  . . . . . . . . . . . . : 媒体已断开
   连接特定的 DNS 后缀 . . . . . . . :
```

图 7-6　IPConfig 不带任何参数选项

3. Tracert

根据实际需要选用参数选项,使用 Tracert 命令。

实例:跟踪 www.ccnu.edu.cn 路由的方法。

调出 DOS 窗口,在命令提示符后输入:Tracert www.ccnu.edu.cn,并回车,则主机显示应如图 7-7 所示,表明主机跟踪到远程计算机的路径。

4. Route

根据实际需要选用参数选项,使用 Route 命令。

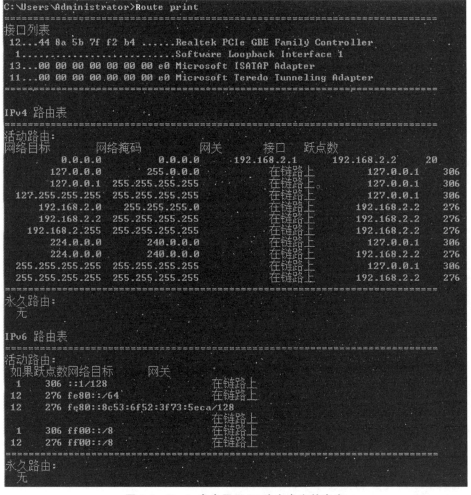

图 7-7　Tracert 命令跟踪路由

实例：显示 IP 路由表的完整内容的方法。

调出 DOS 窗口，在命令提示符后输入：Route print，并回车，则主机显示如图 7-8 所示 IP 路由表的完整内容。

图 7-8　Route 命令显示 IP 路由表完整内容

5. Netstat

根据实际需要选用参数选项,使用 Netstat 命令。

实例:以数字形式显示地址和端口号的方法。

调出 DOS 窗口,在盘符提示符后输入:Netstat -n,并回车,主机显示应如图 7-9 所示。

图 7-9　Netstat 命令以数字形式显示地址和端口号

6. ARP 命令

根据实际需要选用参数选项,使用 ARP 命令。

实例:显示所有接口当前 ARP 项的方法。

调出 DOS 窗口,在命令提示符后输入:ARP -a,并回车,则主机显示应如图 7-10 所示。

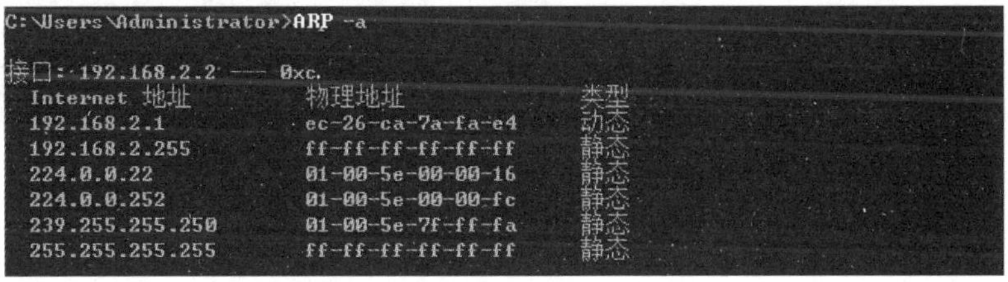

图 7-10　ARP 命令显示所有接口当前 ARP 项

7. Nbtstat 命令

根据实际需要选用参数选项,使用 Nbtstat 命令。

实例:列出指定名称的远程机器的名称表的方法。

调出 DOS 窗口,在命令提示符后输入:Nbtstat -a 192.168.1.100,并回车,则主机显示应如图 7-11 所示。

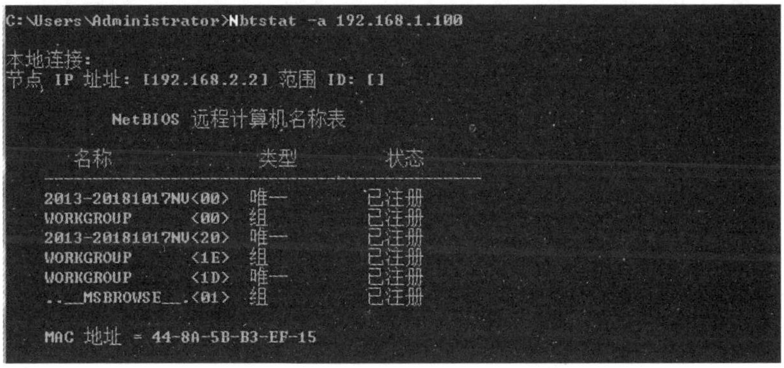

图 7-11　Nbtstat 命令列出指定名称的远程机器的名称表

8. Net 命令

根据实际需要选用参数选项,使用 Net 命令。

实例:提供网络命令列表及帮助主题的方法。

调出 DOS 窗口,在命令提示符后输入:Net help,并回车,则主机显示应如图 7-12 所示。

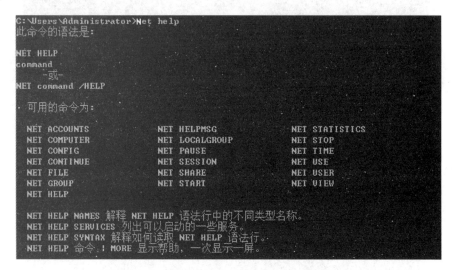

图 7-12　Net 命令提供网络命令列表及帮助主题

9. Nslookup 命令

查询 DNS 域名或诊断 DNS 服务器故障,使用 Nslookup 命令。

实例:查询主机默认的服务器。

调出 DOS 窗口,在命令提示符后输入:Nslookup -qt＝A,并回车,则主机显示应如图 7-13(a)所示。

(a)   (b)

图 7-13　Nslookup 命令查询服务器

实例:查询百度域名服务器。

调出 DOS 窗口,在命令提示符后输入:Nslookup -qt＝A www.baidu.com,并回车,则主机显示应如图 7-13(b)所示。若请求超时,表明网络故障,或服务器没有工作。

7.2.2　Windows 8 系统防火墙的设置

系统的安全性是用户应该时常注意的问题,而在杀毒软件的保护之外,还需要通过开启系统自带的防火墙来进一步巩固系统的安全防卫。

1. Windows 8 系统防火墙的设置方法

首先,打开防火墙。单击"控制面板"进入控制面板界面。再单击控制面板中的"系统和安全"打开系统和安全窗口,在这里我们就能看到"Windows 防火墙"的选项了。

其次,进入防火墙之后,单击"打开或关闭 Windows 防火墙"的选项,我们就可以自定义网络的设置。设置启用所有网络下的防火墙,勾选"阻止所有传入连接,包括位于允许程序列表中的程序"和"Windows 防火墙阻止新程序时通知我"选项,一般在专用网络中关闭,在公用网络中最好启用,如图 7-14 所示。

最后,打开"高级选项",结合实际情况进行设置,一般的普通用户基本不用修改设置。

有了 Windows 防火墙和自带的 Windows 保护程序,我们甚至不用安装第三方的安全工具就能保证系统的安全。

图 7-14　防火墙设置

2. Windows 8 系统防火墙的功能测试

按前面所述方法设置主机的防火墙,选取同主机在同一局域网中的一台计算机 B,主机与计算机 B 相互 Ping 对方的 IP 地址。比较主机防火墙设置前与设置后,主机 Ping 计算机 B 的 IP 地址的结果与计算机 B Ping 主机的 IP 地址的结果。

7.2.3　网络常用设备故障的分析与处理

下面介绍网络常用设备常见的故障现象、造成故障原因以及解决方法,在实践操作中或实际应用中可对照下面描述进行分析与处理。

1. 路由器常见故障的分析与处理

（1）硬件故障

① 系统不能正常加电

故障现象:接通路由器的电源开关,路由器前面板的电源灯不亮,风扇也不转动。

故障原因:电源和电缆故障。

解决方法:首先,检查电源系统,查看供电插座供电是否正常,查看电源线有没损坏,接触是否良好。其次,检查路由器的电源保险是否完好。最后,确认路由器是否损坏。

② 零部件损坏

故障现象:某部件插到路由器上,系统可以工作,但却不能正确识别所插上去的部件;所插部件可以被正确识别,但在正确配置完之后,接口就不能正常工作了。

故障原因:前者最大可能是所插部件有损坏或接触不良,而后者的问题大多是由于路由器存在其他物理故障。

解决方法:前面的情况用相同型号的部件替换不能被正确识别的部件插到路由器上,如果可以正确识别,那问题就肯定在所插部件上了;要是同样也不能识别的话,那就换其他接口试插一下,在其他接口上可以识别,那问题就在之前的接口上。至于后一种情况,大多是因为路由器内部的某个元件有问题,所以解决方法也只能返厂维修。

③ 路由器散热不良或是设备不兼容

故障现象:刚上网一切正常,但是上了一段时间之后,网速就开始下降,甚至频频掉线。

故障原因:有可能是路由器本身的性能差,稳定性不好,或非对称数字用户线路（ADSL,Asymmetric Digital Subscriber Line）Modem、光纤接入器等设备温度过高而造成网络中断,或者路由器的型号与互联网服务提供商（ISP,Internet Service Provider）的局端设备不兼容,不过绝大部分原因都是由于路由器的配置不当而引起的。

解决方法:当出现网速下降现象时,用手感觉路由器等网络接入设备的表面温度,如果感觉很烫手,那就说明频繁掉线的原因是硬件设备问题,最好考虑更换一个新设备,也可以把路由器等放在散热条件比较好的地方。要是设备温度方面没有异常,那就很有可能是路由器和 ISP 的局端设备不兼容,解决办法就只有换用其他型号的路由器。

（2）软件故障

① 路由器的部分功能无法实现

故障现象:路由器配置完全正确,但是有些功能却不能实现。

故障原因:在确保路由器配置正确的前提下,那么问题应该是在路由器的软件系统上。

解决方法：升级软件系统。因为路由器的系统软件往往有许多版本，每个版本支持的功能有所不同，出现这种情况最大的可能就是当前的软件系统版本不支持某些功能而导致路由器部分功能的丧失，所以进行相应的软件升级。此类型问题，对于企业用户来说影响比较大，但却很容易被企业网络管理人员所忽视，因为频繁使用网络的企业用户在功能使用上的需要比较多，如果缺了其中某一两个常用的功能，将会为企业用户带来许多不必要的麻烦。

② 无法进行系统软件升级

故障现象：在系统软件进行升级时不能完成升级程序，总在进行到某一阶段就被迫中止。

故障原因：这种情况多半是非易失性随机访问存储器（NVRAM，Non-Volatile Random Access Memory）容量不足所导致的。

解决方法：由于要升级的软件内容超过了 NVRAM 的容量，所以对 NVRAM 进行升级，这样不但可以扩充 NVRAM 的容量，也可以对里面的数据进行更新。

③ 无法进行拨号

故障现象：不能进行正常的拨号程序。

故障原因：主要问题是出在路由器的地址设置方面。

解决方法：打开 Web 浏览器，在地址栏中输入路由器的管理界面地址，输入登录用户名、密码，进入路由器管理界面，选择菜单"网络参数"中的"WAN 口设置"选项，WAN 口连接类型选择"PPPoE"，输入上网帐号、上网口令，单击"连接"按钮即可。

④ 部分计算机无法正常连接

故障现象：路由器硬件上没有问题，所连接的计算机也没有问题，但是却不能实现正常连接，而局域网中的其他计算机可以正常连接上网。

故障原因：这一般是由于 ISP 绑定 MAC 地址造成无法连接，因为有些 ISP 为了限制接入用户的数量，而在认证服务器上对 MAC 地址进行了绑定，不在绑定范围内的用户就不能正常连接上网。

解决方法：先将被绑定 MAC 地址的计算机连接至路由器 LAN 端口（但路由器不要连接 Modem 或 ISP 提供的接线），然后，采用路由器的 MAC 地址克隆功能，将该网卡的 MAC 地址复制到宽带路由器的 WAN 端口，接着在未被绑定的计算机上（Windows 操作系统）下按开始→运行，输入 cmd/IPConfig/all，其中物理地址就是本机 MAC 地址。

⑤ 网络频繁掉线

故障现象：刚打开路由器的时候，网络运行正常，但是上网一段时间后就经常掉线，关闭路由器后再重启又可以连通。

故障原因：引起这种故障的原因比较复杂，有可能是由于硬件方面的问题也有可能是局域网内经常有人使用 BT 软件下载资料，严重地影响网速而造成网络性能变低，不过大多数的情况都是由设置不当造成的，具体分为以下几种状况：

BT 下载拖慢网速而导致掉线。在共享网络中 BT 下载是影响网速的一个重大问题,所以在遇到上网频繁掉线的问题时,用户应该先检查局域网内是否经常有人使用 BT 软件下载资料,排除了使用不当这一因素,才继续往下寻找病根。解决方法是关掉 BT,重启路由器。

多台 DHCP 服务器引起 IP 地址混乱。当网络上有多台 DHCP 服务器的时候,会造成网络上的 IP 地址冲突,从而导致频繁的不定时掉线问题。解决方法是将网络中的所有 DHCP 服务器关闭,使用手动方式指定 IP 地址。

对应连接模式设置有误。解决方法是在路由器的管理界面中,选择左侧菜单里"网络参数"中的"WAN 口设置"选项。选择"对应连接模式"中的"按需连接"选项,把"自动断线等待时间"设为"0 分钟",则路由器就不会自动断线。

遭受木马病毒攻击。这是除设置有误外所造成网络频繁掉线的另一个重要原因。解决方法是先查看所有连接的计算机是否都感染了木马病毒,使用正版的杀毒软件扫描清除掉计算机内的木马病毒,然后再上网。

⑥ 无法浏览网页

故障现象:网页不能正常打开,但是 QQ 之类的程序却可以正常运行。

故障原因:这种情况是路由器上的 DNS 解析问题,如果将网关设置成 DNS 地址,这是 DNS 代理,并非真实的 DNS 地址,就可能会导致地址解析出错。

解决方法:在路由器和计算机网卡上手动设置 DNS 服务器地址,打开路由器设置界面,找到"网络参数"中的"WAN 口参数"的字段,然后在下面手动设置 DNS 服务器地址。另外,在"DHCP 服务"设置项中也需要手动设置 DNS 服务器和备用的 DNS 服务器地址。

⑦ 无法登录路由器管理页面

故障现象:想对路由器作共享上网的有关设置,但却进不了管理界面。

故障原因:主要是登录时所创建的连接有误。

解决方法:如果以前登录过路由器管理界面,那么用户应该首先检查宽带路由器与计算机的硬件连接情况,检查路由器 LAN 口上的指示灯是否正常,如果计算机中装有防火墙或实时监控的杀毒软件,都暂时先关闭,然后将本机 IP 地址设为与宽带路由器同一网段,再将网关地址设为路由器的默认 IP 地址。一般宽带路由器提供的都是 Web 管理方式,因此打开"Internet 选项"对话框,在"连接"选项中,如果曾经创建过连接则勾选"从不进行拨号连接"选项,单击"局域网设置"按钮,将已勾选的选项全部取消选中即可。

⑧ 网速慢

故障现象:使用路由器后上网速度变慢。

分析处理:通过宽带路由器共享上网,会使上网速度存在一定的损耗,这是避免不了的。不过可以通过以下办法将这种损耗降至最低,即更改路由器的(MTU,Maximum Transmission Unit)值。

MTU 值的意思是网络上传送的最大数据包,单位是 Byte。不同的接入方式,MTU 值是不一样的,如果值太大就会产生很多数据包碎片,增加丢包率,降低网络速度。使用的宽带 PPPoE 连接方式,其 MTU 值最大为 1492,解决的办法就是在注册表中对 MaxMTU 值逐步调低,直到网络最正常为止。MaxMTU 在注册表中的位置是:

HKEY_LOCAL_MACHINE\System\CurrentControlSet\Services\sNetTrans\ 00yy,键名为"MaxMTU",其中"yy"是 TCP/IP 的入口,随设置的不同而不同,一般在 00 到 30 之间。

那么又如何判定某个 MTU 值是最适合的呢？进入 DOS 环境,输入以下命令行: "Ping-f-l 1492 192.168.0.1",其中 192.168.0.1 是网关 IP 地址,1492 为数据包的长度,参数-l 中是小写的 L。如果出现下面信息:Packet needs to be fragmented but DF set,那就表示 MTU 值太大了。而如果出现:Reply from 192.168.0.1：bytes＝1492 time＜10ms TTL＝128 则表示此 MTU 值是可行的,不过还是多试几个找到最佳值。

这也是使用宽带路由器上网的一个小小弊端。通过对网速的实测证明,在 ADSL 接入计算机之间安装宽带路由器后,在多台计算机同时在线的情况下,由于路由器在地址解析、路由分发等方面的耽误,实际到达计算机的速度比单机直接连入 ADSL 线路要稍慢一些。

2. 交换机常见故障的分析与处理

(1) 硬件故障

① 电源故障

故障现象:开启交换机后,交换机的风扇不转动,POWER 灯也不亮。

分析处理:电源线路老化,或者遭到雷击,或供电电压不稳定造成。出现这样的问题更换一个电源就可以解决了。

② 电路板故障

故障现象:局域网内出现一部分计算机不能访问服务器,通过测试发现也不是网卡或者布线的问题,这些计算机时好时坏,长时间后,相关的一组计算机都不能上网了,同时也发现连接这组计算机的交换机的所有连接指示灯都在不规则地乱闪。

分析处理:交换机主电路板和供电电路板出现了问题。而造成电路板不能正常工作的主要因素是电路板上的元器件受损等。一般出现了这些问题,最好的办法就是返厂维修。

③ 端口故障

故障现象:整个网络的运作正常,但个别的机器不能正常通信。

分析处理:连接该机器端口没有插好或者脏了或该端口损坏。

④ 背板故障

故障现象:外部供电环境正常,但交换机的各个内部模块都不能正常工作。

分析处理:交换机的各个模块都是接插在背板上的,如果交换机在潮湿的环境下工作,电路板容易受潮发生短路;或者是元器件因高温、雷击等而受损,这些情况都会使电路板发生故障,而不能正常工作。因此,必须保持交换机的工作环境干燥,若模块损坏须更换模块。

（2）软件故障

① 病毒攻击

故障现象：发现可疑流量，可以发现单个主机发出超出正常数量的连接请求。

分析处理：这种不正常的大数量的流往往是蠕虫爆发或网络滥用的迹象，最后让网络产生崩溃。在网络中病毒是平常的也是最危险的东西。它的攻击造成最复杂的网络问题。因此，要加强病毒监控，做好防毒措施、定期杀毒。

② 重新设置 VLAN

故障现象：在管理维护局域网的时候，要是连接普通交换机的级联端口发生改变时，那么之前在该交换机系统中划分设置的 VLAN 往往就无法正常发挥作用了。

分析处理：重新划分设置 VLAN，那么网络维护工作量很大。在改变普通交换机的级联端口后，我们只需要进入交换机的后台管理界面，修改一下级联端口的工作模式，以便让所有的 VLAN 访问都能通过，这样的话就能避免重新设置 VLAN 操作了。具体设置步骤如下。

假设局域网共有几个 VLAN，其中 S1 交换机位于 VLAN 1 子网中，S2 交换机位于 VLAN 2 子网中，需要把 S1 交换机移动到 VLAN 2 子网中，而之前 S1 交换机是在端口（如 24）上用光纤线缆与局域网的核心交换机直接相连的。为了避免在交换机系统中重新划分 VLAN，我们可以改变 S1、S2 交换机的端口工作模式。例如，我们可以先查看一下 S1 交换机的端口设置情况，在进行这种检查时，可以先登录到交换机的后台管理界面，查看到交换机各个端口的具体配置情况。在交换机后台管理中，可以看到 S2 交换机保持级联关系的 S1 交换机端口（如 26）状态：接口以太网 0/26、端口接入 VLAN 2，状态表明 S1 交换机只属于 VLAN 2，也就是说该交换机只允许来自 VLAN 2 中的工作站通行，其他 VLAN 中的工作站都无法通行。当 S1 交换机改变摆放位置后，它肯定会位于新的 VLAN 中，为了让新 VLAN 中的所有工作站都能通行，我们需要在这里将 S1 交换机级联的端口 26 工作模式修改为"trunk"，这样一来 S1 交换机就不需要重新划分设置 VLAN，就能让新 VLAN 中的所有工作站都可以通行了。

为什么 S1 交换机之前可以和局域网网络正常通信呢？原来 S1 交换机之前是通过光纤线缆与单位核心交换机相连的，那个光纤连接端口的工作模式已经被设置为"trunk"，当 S1 交换机的摆放位置发生变化后，由于没有使用光纤线缆来连接交换机，所以对应的光纤连接端口也就没有作用了。

按照同样的操作，我们可以修改 S2 交换机的级联端口工作模式，确保局域网中的所有工作站都能访问 S2 交换机。

③ 主机无法 Ping

故障现象：在交换机上对局域网中的某台主机 IP 地址进行 Ping 测试，无法被 Ping 通。

分析处理：在确认目标主机已经开通电源，并且该系统自身工作状态一切正常的情况下,我们可以在交换机中进行如下排查操作。

通过登录进目标交换机后台管理界面,查看目标主机与本地交换机所连端口的 IP 地址是否处于同一个网段,或者检查本地交换机指定连接端口的工作模式是否为"trunk"类型,如果这些参数设置不正确的话,我们必须及时将它们修改过来。

检查本地交换机管理维护的 ARP 表内容是否设置正确,一旦发现有不正确的记录或条目,必须及时将它修改过来。

检查本地交换机连接目标主机的通信端口处于哪一个虚拟子网中,找到对应的虚拟子网后,查看该虚拟子网有没有正确配置 VLAN 通信接口,要是已经配置了的话,我们不妨再检查该 VLAN 通信接口的 IP 地址是否和目标主机的 IP 地址位于相同的工作子网中,如果发现配置不正确的话,必须及时修改过来。

上面的各项配置参数都正常,本地交换机还无法 Ping 通局域网中的目标主机地址时,在本地交换机系统中启用 ARP 调试开关,以便详细地检查本地交换机是否能够正确地发送 ARP 报文和接收 ARP 报文,要是本地交换机只能对外发送 ARP 报文而无法从外面接收 ARP 报文时,那故障原因很可能出在以太网的物理链路层,此时需要重点对物理链路层进行检查。

④ IP 报文无法转发

故障现象:IP 报文无法转发。

分析处理:如果本地交换机的接口链路层协议状态以及该接口的物理状态全部都显示为 UP,而交换机无法正常转发 IP 数据报文时,那多半是本地交换机指定协议发现路由参数没有设置正确,或者是本地交换机的静态路由没有设置生效。此时,我们登录进目标交换机后台管理界面,查看本地交换机有没有正确配置静态路由,要是没有配置的话需要及时重新进行配置。

在确认上面的配置正确后,检查本地静态路由有没有设置生效,要是没有生效的话需要重新启用并设置好静态路由,如此一来就能解决 IP 报文无法转发的故障了。

⑤ 数据严重掉包

故障现象:数据严重掉包。

分析处理:工作站的网卡传输速度和交换机的传输速度存在匹配问题。仔细检查故障工作站与交换机的传输速度是否匹配,要是不匹配的话,只需要在故障工作站中强行修改网卡设备的传输速度,确保网卡设备与交换机的工作速度保持匹配。

3. 光纤收/发器常见故障的分析与处理

(1) 电源指示灯 PWR 不亮

故障现象:光纤收/发器电源指示灯不亮。

分析处理:检查光纤收/发器电源是否正常,或者更换电源。

(2) 光口链接/状态指示灯 Link/Act 不亮,或不闪烁

故障现象:光口链接/状态指示灯不亮,或不闪烁。

分析处理:检查光纤线路是否断路;检查光纤线路是否损耗过大,超过设备接收范围;检查光纤接口是否连接正确,本地的 TX 与远程的 RX 连接,远程的 TX 与本地的 RX 连接;检查光纤连接器是否完好插入设备接口,跳线类型是否与设备接口匹配,设备类型是否与光纤匹配,设备传输长度是否与距离匹配。

(3) 电链接/状态指示灯 Link/Act 不亮,或不闪烁

故障现象:电链接/状态指示灯不亮,或不闪烁。

分析处理:检查网线是否断路;检查网卡、路由器、交换机等设备网线是否良好;检查设备传输速率是否匹配。

(4) 网络丢包严重

故障现象:网络丢包严重。

分析处理:收/发器的电端口与网络设备接口,或两端设备接口的双工模式不匹配;双绞线与 RJ-45 头有问题;光纤连接问题,跳线是否对准设备接口,尾纤与跳线及耦合器类型是否匹配等。

(5) 网络不通

故障现象:光纤收/发器连接后两端不能通信,网络不通。

分析处理:光纤接反了,TX 和 RX 所接光纤对调;RJ-45 接口与外接设备连接不正确;光纤接口(陶瓷插芯)不匹配,此故障主要体现在 100M 带光电互控功能的收/发器上,如 APC 插芯接到 PC 插芯的收/发器上将不能正常通信,但接非光电互控收/发器没有影响。

(6) 网络时通时断

故障现象:网络时通时断。

分析处理:可能为光路衰减太大,此时用光功率计测量接收端的光功率,若在接收灵敏度范围附近,1~2 dB 范围之内可基本判断为光路故障;可能为与收/发器连接的交换机故障,此时把交换机换成 PC,即两台收/发器直接与 PC 连接,两端对 Ping,若未出现时通时断现象可基本判断为交换机故障;可能为收/发器故障,此时可把收/发器两端接 PC(不要通过交换机),两端对 Ping 没问题后,从一端向另一端传送一个较大文件(100 M)以上,观察它的速度,若速度很慢(200 M 以下的文件传送 15 分钟以上),可基本判断为收/发器故障。

如果发现光纤收/发器有问题,可按以下方法进行测试,以便找出故障原因。

近端测试:两端计算机对 Ping,如可以 Ping 通的话证明光纤收/发器没有问题。如近端测试都不能通信则可判断为光纤收/发器故障。

远端测试:两端计算机对 Ping,如 Ping 不通则必须检查光路连接是否正常及光纤收/发器的发射和接收功率是否在允许的范围内。如能 Ping 通则证明光路连接正常,即可判断故障问题出在交换机上。

远端测试判断故障点:先把一端接交换机,两端对 Ping,如无故障则可判断为另一台交换机的故障。

（7）通信一段时间后死机

故障现象：通信一段时间后死机，即不能通信，重启后恢复正常。

分析处理：此现象一般由交换机引起，交换机会对所有接收到的数据进行 CRC 错误检测和长度校验，检查出有错误的包将丢弃，正确的包将转发出去。但这个过程中有些有错误的包在 CRC 错误检测和长度校验中都检测不出来，这样的包在转发过程中将不会被发送出去，也不会被丢弃，它们将会堆积在动态缓存（buffer）中，永远无法发送出去，等到 buffer 中堆积满了，就会造成交换机死机的现象。因为此时重起收/发器或重起交换机都可以使通信恢复正常，所以用户通常都会认为是收/发器的问题。

7.2.4　网络常见故障的分析与处理

在搭建的局域网中，对照表 7-9 查看计算机网络常见故障现象，分析其原因、排除故障。

表 7-9　计算机网络常见故障现象、故障原因及解决方法

故障现象	故障原因、解决方法
网卡设置与计算机资源有冲突。	调整网卡资源中的 IRQ 和 I/O 值；设置主板的跳线来调整。
局域网中客户机在"网上邻居"上都能互相看见，只有一台计算机谁也看不见它，它也看不见别的计算机。	这台计算机系统工作不正常；网络配置不正确；网卡工作不正常；网卡设置与计算机其他资源有冲突；网线断开；网线接触不良。
局域网中有两个网段，其中一个网段所有计算机都不能上 Internet（局域网通过两个交换机连接两个网段）。	两个网段的干线断了或干线两端的接头接触不良；路由器（或服务器）对该网段的设置。
局域网中所有的计算机在"网上邻居"上都不能看见（局域网是通过交换机连接成星型网络结构）。	交换机工作不正常。
局域网上的所有的计算机都不能连 Internet。	路由器（或服务器）工作不正常；调制解调器工作不正常；路由器或调制解调器掉线；网卡不正常；网络参数设置不正确。
局域网中某台计算机不能上网。	检查这台计算机 TCP/IP 协议设置、IE 浏览器设置，检查路由器（服务器）对这台计算机的设置项。
计算机网络连接图标出现红色的"×"	连接计算机网线接触不良；交换机未开启；路由器或调制解调器未开启。
计算机网络连接图标出现"！"	路由器或 Modem 未连网；计算机网络参数设置错误。

续表

故障现象	故障原因、解决方法
局域网中除了服务器能上网,其他客户机都不能上网。	检查交换机工作是否正常;检查服务器与交换机连接的网络部分(含:网卡、网线、接头、网络配置)工作是否正常;检查服务器上代理上网的软件是否正常启动运行;设置是否正常。
ADSL Modem 正在使用中出现"ADSL"指示灯变红。	电话线路上有强干扰;电话线路连接有松动;线路故障。
Modem 拨号时没有拨号音;拨号一直连接不上;上网时经常掉线等;外置Modem 的指示灯还会异常闪烁。	打开控制面板→调制解调器→属性,用其中的"诊断"项来进行检测 Modem 是否工作正常。
ADSL 上网时经常掉线,速度非常慢。	ADSL Modem 或分离器故障,需更换设备;ADSL线路故障,线路长、线路附近有严重的干扰源;室内电磁干扰;网卡质量有问题;PPPoE 有问题。
ADSL 显示连接正常,但无法打开任何网页。	网卡设置的 IP 地址信息不正确。
进行拨号上网操作时,Modem 没有拨号声音,始终连接不上 Internet,Modem上指示灯也不闪。	电话线是否占线;Modem 连线是否正常;电话线路是否正常,有无杂音干扰;拨号网络配置是否正确;Modem设置是否正确,拨号音音频或脉冲方式是否正常。
浏览网页的速度较正常情况慢。	主干线路较拥挤;浏览该网页的人较多;Modem 的设置有问题;局端线路有问题。
系统检测不到 Modem。	重新安装一遍 Modem,注意通信端口正确位置。
计算机显示"错误 678"或"错误650"。	服务器线路较忙、占线,暂时无法接通,可等一会儿后重拨。
计算机显示"错误 680:没有拨号音。请检测调制解调器是否正确连到电话线。"或者"There is no dialtone. Make sure your Modem is connected to the phone line properly."	检测调制解调器工作是否正常,是否开启;检查电话线路是否正常,是否正确接入调制解调器,接头有无松动。
计算机显示"The Modem is being used by another Dial-up Networking connection or another program. Disconnect the other connection or close the program, and then try again."	检查是否有另一个程序在使用调制解调器;检查调制解调器与端口是否有冲突。

故障现象	故障原因、解决方法
计算机显示"The computer you are dialing into is not answering。Try again later."	电话系统故障或线路忙，过一会儿再拨。
计算机显示"Connection to xx．xx．xx． was terminated.Do you want to reconnect?"	电话线路中断使拨号连接软件与 ISP 主机的连接被中断，过一会儿重试。
计算机显示"The computer is not receiving a response from the Modem. Check that the Modem is plugged in，and if necessary，turn the Modem off，and then turn it back on."	检查调制解调器的电源是否打开；检查与调制解调器连接线缆是否良好。
计算机显示"Modem is not responding."	表示调制解调器没有应答。检查调制解调器电源是否打开，检查与调制解调器连接线缆是否良好；调制解调器是否损坏。
计算机显示"NO CARRIER"。	表示无载波信号。一般为非正常关闭调制解调器应用程序或电话线路故障；检查与调制解调器连接的线缆是否良好；检查调制解调器电源是否打开。
计算机显示"No dialtone"。	表示无拨号声音。检查电话线与调制解调器是否正确连接。
计算机显示"Disconnected"。	表示终止连接。若提示在拨号时出现，调制解调器电源未开启；若提示在使用过程中出现，检查电话是否被人使用。
计算机显示"ERROR"。	是出错信息。检查调制解调器工作是否正常，电源是否打开；正在执行的命令是否正确。
计算机显示"A network error occurred unable to connect to server（TCP Error：No router to host）The server may be down or unreadchable.Try connecting again later."	表示网络错误，可能是 TCP 协议错误。没有路由到主机，或者是该服务器关机而导致不能连接，这时只有重试。

故障现象	故障原因、处理方法
计算机显示"The line id busy, Try again later"或"BUSY"。	表示占线，这时只能重试了。
计算机显示"The option timed out"。	表示连接超时，多为通信网络故障，或被叫方忙，或输入网址错误。向局端查询通信网络工作情况是否正常。检查输入网址是否正确。
计算机显示"Another program is dialing the selected connection"。	有另一个应用程序已经在使用拨号网络连接了。只有停止该连接后才能继续我们的拨号连接。
用 IE 浏览器浏览中文站点时出现乱码。	IE 浏览器中西文软件不兼容造成的汉字会显示为乱码，可试用 NetScape 的浏览器；祖国大陆使用的汉字内码是 GB，而台湾使用的是 BIG5，若是这个原因造成的汉字显示为乱码，可用 RichWin 变换内码。
能正常上网，但总是时断时续的。	电话线路问题，线路质量差；调制解调器的工作不正常，影响上网的稳定性。
用拨号上网时，听不见拨号音，无法进行拨号。	检查调制解调器工作是否正常，电源是否打开，电缆线接好了没，电话线路是否正常。
在拨号上网的过程中，能听见拨号音，但没有拨号的动作，而计算机却提示"无拨号声音"。	通过修改配置，使拨号器不去检测拨号声音。进入"我的连接"的属性窗口，单击"配置"标签，在"连接"栏去掉拨号前"等待拨号音"的复选框。
在拨号上网的过程中，计算机屏幕显示"已经与你的计算机断开，双击'连接'重试"。	电话线路质量差，噪声大造成的，可拨打网络维修电话报修；也可能是病毒造成的，用杀毒软件杀毒。
计算机显示"拨号网络无法处理在'服务器类型'设置中指定的兼容网络协议"。	检查网络设置是否正确；调制解调器是否正常；是否感染上了宏病毒，用最新的杀毒软件杀毒。
在查看"网上邻居"时，会出现"无法浏览网络。网络不可访问。想得到更多信息，请查看'帮助索引'中的'网络疑难解答'专题"的错误提示。	情况一，在 Windows 启动后要求输入 Microsoft 网络用户登录口令时，点了"取消"按钮所造成，必须以合法的用户、正确的口令登录。情况二，与其他硬件产生冲突。打开控制面板→系统→设备管理，查看硬件前面是否有黄色的问号、感叹号或红色问号，若有手工更改该设备中断和 I/O 地址设置。

续表

故障现象	故障原因、处理方法
在"网上邻居"或"资源管理器"中只能找到本机的机器名。	网络通信错误，一般是网线断路或者与网卡的接触不良；交换机有问题。
安装网卡后计算机启动速度慢很多。	TCP/IP 设置了自动获取 IP 地址，需设置固定 IP 地址。
安装网卡后，"控制面板→系统→设备管理器"查看显示"可能没有该设备，也可能此设备未正常运行，或是没有安装此设备所有驱动程序"。	没有正确安装驱动程序；中断号与 I/O 地址没有设置好（有一些网卡通过跳线开关设置，另外一些是通过随卡软件 Setup 程序进行设置）。
无法将台式计算机与笔记本计算机使用直接电缆连接。	笔记本计算机自身可能带有 PCMCIA 网卡，在"我的计算机→控制面板→系统→设备管理器"中删除该"网络适配器"记录后，重新连接即可。
"网络邻居"中能够看到其他计算机，但不能读取其他计算机上的数据。	资源未设置共享；协议如"TCP/IP 协议"、"Microsoft 网络上的文件与打印机共享"、"网络用户"未绑定。
已经安装了网卡和各种网络通信协议，但网络属性中的选择框"文件及打印共享"为灰色，无法选择。	未安装"Microsoft 网络上的文件与打印共享"组件，"网络"属性的配置→添加→请选择网络组件单击→服务→添加→选择网络服务→Microsoft→Microsoft 网络上的文件与打印机共享→确定，系统可能会要求插入 Windows 安装光盘，重新启动系统。
无法在网络上共享文件和打印机。	未安装文件和打印机共享服务组件；未启用文件或打印机共享服务；访问服务未设置共享级访问服务，"网络"属性→访问控制→共享级访问。
只要一启动 IE 浏览器，就会自动执行发送和接收邮件。	打开 IE 浏览器→菜单栏中工具→Internet 选项→常规→启动时自动接收所有帐号的邮件。

思　考　题

1. 什么是网络故障？网络故障有哪些类型？检查网络故障有哪些工具？

2. 什么是网络安全？网络安全策略有哪些？

3. 什么是防火墙？防火墙有哪些功能？Windows 8 系统防火墙如何设置？

4. 网络日常维护工作有哪些？

5. 常用网络命令有哪些？各有何作用？如何使用网络命令？

6. 在 Windows 操作系统,如何调出 DOS 窗口？如何运行网络命令？

7. 在什么情况下,Ping 本机 IP 不通？

8. 怎样显示本机与外界 IP 的连接列表状态？

9. 如何清除本地 DNS 缓存内容？

10. 某办公室用一台路由器搭建了局域网,其中有一台计算机不能上网,分析可能存在的至少 5 种故障原因及处理方法。

参 考 文 献

[1] 段谟意.计算机组装与维护[M].南京:东南大学出版社,2012.

[2] 钱海.计算机维护与维修[M].杭州:浙江大学出版社,2013.

[3] 唐中剑,赵友贵.计算机组装与维护[M].重庆:重庆大学出版社,2015.

[4] 胡燕红,张平艳,刘光前.计算机组装与维护项目[M].北京:北京理工大学出版社,2015.

[5] 严圣华,吴建华.计算机组装与维护[M].北京:北京理工大学出版社,2016.

[6] 马琰.计算机系统维护[M].南京:东南大学出版社,2016.

[7] 袁家政.计算机网络[M].西安:西安电子科技大学出版社,2011.

[8] 冯博琴,夏秦,王志文,等.计算机网络实验教程[M].北京:高等教育出版社,2011.

[9] 王占全,杨建国,虞慧群,等.计算机网络实验教程[M].上海:华东理工大学出版社,2011.

[10] 白淳,李伟,李树怀,等.计算机网络实验教程[M].北京:冶金工业出版社,2012.

[11] 王盛邦.计算机网络实验教程[M].北京:清华大学出版社,2012.

[12] 钟静,熊江.计算机网络实验教程[M].重庆:重庆大学出版社,2014.

[13] 侯安才,粟楠.计算机网络实验教程[M].西安:西安电子科技大学出版社,2016.

[14] 陈盈,赵小明.计算机网络实验教程[M].北京:清华大学出版社,2017.

[15] 邓世昆.计算机网络[M].北京:北京理工大学出版社,2018.

[16] 孙建国.网络安全实验教程[M].北京:清华大学出版社,2011.

[17] 贾铁军.网络安全实用技术[M].北京:清华大学出版社,2011.

[18] 于九红.网络安全设计[M].上海:华东理工大学出版社,2012.